植物铁蛋白
结构与功能研究

◎ 云少君 著

中国农业科学技术出版社

图书在版编目（CIP）数据

植物铁蛋白结构与功能研究/云少君著 . —北京：中国农业
科学技术出版社，2014.12
ISBN 978 - 7 - 5116 - 1900 - 6

Ⅰ.①植…　Ⅱ.①云…　Ⅲ.①植物蛋白 - 铁蛋白 - 研究
Ⅳ.①Q946.1

中国版本图书馆 CIP 数据核字（2014）第 269604 号

责任编辑　张孝安
责任校对　马广洋

出 版 者　中国农业科学技术出版社
　　　　　北京市中关村南大街 12 号　邮编：100081
电　　话　(010) 82109708 (编辑室)　　(010) 82106624 (发行部)
　　　　　(010) 82109703 (读者服务部)
传　　真　(010) 82106650
网　　址　http://www. castp. cn
经 销 者　各地新华书店
印 刷 者　北京富泰印刷有限责任公司
开　　本　710 mm ×1 000 mm　1/16
印　　张　11
字　　数　180 千字
版　　次　2014 年 12 月第 1 版　2015 年 6 月第 2 次印刷
定　　价　38.00 元

前 言
PREFACE

　　铁蛋白具有储存铁及调节体内铁平衡的功能，它广泛存在于大多数生物体中。和动物铁蛋白相比，关于植物铁蛋白的研究至今很少。目前已知，植物铁蛋白主要存在于淀粉体中，而动物铁蛋白则主要存在于细胞质中。植物铁蛋白和动物铁蛋白相比，其在结构上有两个明显的特征：第一，植物铁蛋白 N 端含有 EP 肽段，而动物铁蛋白则不具有。EP 位于铁蛋白蛋白质外壳表面，现今发现它是作为铁蛋白第二个亚铁氧化中心，参与铁结合、氧化及种子萌发与早期生长的铁释放过程；第二，在植物铁蛋白中只含有 H 亚基，即 H-1 和 H-2，二者保持80% 的同源性，这两个亚基在铁氧化沉淀中起着很好的协同作用。笔者在中国农业大学攻读博士期间，在导师赵广华教授亲切关怀和指导培养下，经过努力，对豆科类种子铁蛋白分离提取及其补铁活性做了大量系统性研究，积累了宝贵的科研经验。笔者在收集整理历年诸多科研一线资料的基础上，系统总结、精心提炼，用时一年多撰写了这本书。希望本书能对从事食品科学、营养学、生物化学以及分子生物学等研究人员和其他相关人员提供参考。

　　本书是以笔者参加的项目"EP 肽段诱导大豆铁蛋白降解机理及其生物学功能研究"（国家自然科学基金，31271826）；现主持承担的项目"原花青素去除大鼠体内过量铁机理研究"（山西农业大学引进人才科研启动基金，2013YJ30）等项目的研究成果为基础而撰写的。在课题的组织申报和科研实施过程中，得到中国农业大学食品科学与营养工程学院赵广华教授的指导和帮助。

　　在课题实施及著作写作中，得到山西农业大学食品科学与工程学院院长王晓闻教授、食品质量与安全系主任冯翠萍教授，以及山西农业大学科技处杨万仓处长的支持和协助，在此表示衷心的感谢！由于时间所限，书中不足之处在所难免，敬请广大读者给予批评指正。

云少君

2014 年 10 月

目　录

CONTENTS

第一章　生物体内的铁

第一节　铁的生理学意义

铁是维持生命的主要物质之一，是红细胞成熟过程中合成血红蛋白必不可少的原料。铁也是组织代谢不可缺少的物质，缺铁可引起多种组织改变和功能失调。

一、铁在生物体内的分布

铁在生命过程中起着重要的作用，是生物体生存所必需的矿物质元素。在成年女性和男性体内，铁分别约占 35mg/kg 体重和 45mg/kg 体重。体内总铁量的 60%～70% 存在于循环的红细胞的血红素中，另外，10% 以肌红蛋白、细胞色素和含铁的酶的形式存在，这部分铁含量为 4～8mg。在健康人体内，剩余的 20%～30% 的铁以铁蛋白和含铁血黄素的形式存在于肝细胞和网织巨噬细胞中。

多数植物的铁含量为 100～300mg/kg。不同植物种类和部位的铁含量则有一定的差异，水稻、玉米的含铁量一般比较低，为 60～180mg/kg，而且玉米中大部分铁沉积在茎节，其叶片中铁含量却很低。Terry 等报道，叶片中 60% 的铁被固定在叶绿体的类囊体膜上，20% 在叶绿体基质中贮存，其余的 20% 则在叶绿体外。当植物受到缺铁胁迫时，叶绿体基质中的铁大部分被再利用，类囊体膜上的铁和叶绿体外的结构铁损失很多，叶片中全铁含量的 9% 以铁血红素形式存在，19% 则以非铁血红素蛋白形式存在，主要包括铁氧还蛋白、类囊体组分、顺乌头酸酶、亚硝酸还原酶、亚硫酸还原酶等。其余多以铁蛋白形式存在，铁蛋白含量约占叶片全铁含量的 63%，但豆科类的种子是将其总铁的 90% 储藏在位于淀粉体的植物铁蛋白中。

二、铁的生物学功能

与转铁蛋白结合的铁量小于体内总铁量的1%（大约4mg），但是，这部分铁却是体内最有意义的铁池，因为其具有最高的转换力。转铁蛋白结合的铁大约为25mg/d。在转铁蛋白结合的铁中，80%是转运到骨髓中合成红细胞。在这些部位，网织红细胞释放幼红细胞至血液中，在1d内，其发展为成熟的红细胞，在血液中大约循环120d。因为红细胞日需要铁的最高量为20mg，合成血红蛋白的铁主要来自于红细胞破碎释放的铁和血浆中循环的铁。网织内皮巨噬细胞消化衰老的红细胞后释放血色素分子到血液循化中，再到线粒体中的铁吸收至原卟啉Ⅳ后通过亚铁螯合酶形成血色素分子，进而完成一个重要的血色素合成循环。因此，铁在氧气运输中起着重要的作用。

作为人体内重要的一种金属，铁在细胞代谢的过程中也起着重要的角色，例如，DNA、RNA和蛋白质的合成、电子运输、细胞呼吸、细胞增生和分化、基因表达的调控等。铁代谢一般发生在独特的组织中，例如睾丸、大脑、小肠、胎盘和骨骼肌中。在肝、脑、红细胞和巨噬细胞中发现有高水平的铁。较为重要的是，髓磷脂的合成和神经树的发育也需要铁的参与。因此，铁代谢对于正常的大脑功能，尤其是学习和记忆能力同样起到重要的作用。

铁通过影响某些基因的转录而影响细胞周期的循环和分化。某些哺乳动物基因的转录，例如，蛋白质激酶C-β，酸性磷酸酶的5型同位酶或者是酒石酸抑制的酸性磷酸酶以及细胞周期蛋白依赖的激酶抑制剂p21的转录，都依赖铁元素的参与。蛋白质激酶C-β是细胞信号转导通路的蛋白质激酶C家族的成员之一，其对于细胞信号和分化是必需的。在某些细胞类型中蛋白质激酶C-β的表达是必需的，其中包括造血细胞等，铁在这一过程中起到重要的作用。酸性磷酸酶的5型同位酶是含铁分子，主要由单核细胞和巨噬细胞表达，它可能由子宫转铁蛋白基因编码，其编码的铁转运分子主要存在于胎盘中。序列分析显示铁反应转录激活部位和血色素反应原件是存在于酸性磷酸酶的5型同位酶的启动子区域。因此，铁和血色素在基因表达上可能起着相反的作用。p21是细胞周期素依赖的激酶抑制剂家族的成员，p21的降低可以导致细胞周期素依赖激酶的功能的抑制，而这些对于控制细胞周期的循环是非常重要的，会导致细胞循环在G1期终止。因此，p21和蛋白质激酶C-β的转录能够调控单核细胞和巨噬细胞的细胞分化。在铁缺乏的条件下，p21的mRNA在单核细胞和巨噬细胞是不诱导表达的，细胞分裂会在 S 期终止。因此，单核细胞和巨噬细胞的凋亡受到精细的调控。这些发现均显示铁会影响 p21 和蛋白质激酶 C－β 的表达进而关系到细胞的分裂。

铁同时还是许多细胞酶的关键成分，例如氧化酶、过氧化氢酶、过氧化酶、细胞色素酶、核苷酸还原酶、顺乌头酸酶以及一氧化氮合成酶。这些酶在基本的细胞过程中是很关键的，例如，DNA 和 RNA 的合成、电子运输和细胞增生等。铁还参与某些疾病的发生过程，例如，铁量异常病、癌症、神经退行性疾病和衰老。目前，发现在含有高浓度铁的细胞中，载脂蛋白 B100 的 mRNA 和蛋白水平降低 50%，而脑信号蛋白 cd100 和醛糖还原酶的 mRNA 水平是增高的。这些研究证明了铁在某些细胞过程中起着重要的作用，但是，铁在这些过程中所起作用的分子机制目前还不是很清楚。

三、铁对人类神经系统的影响

金属离子对现代神经系统疾病的发生发展均有影响，以往的研究结果表明，铜、锌、铝及铁均对大脑发育尤为重要，如铁、铜的浓度不足可引起贫血和发育迟缓，而铜、铝的过量又会导致神经退行性疾病，如帕金森氏症和阿尔茨海默氏病的发生。近年来，铁对人类神经系统影响的研究较为充分。

婴儿期铁营养状况对其行为发育的影响至关重要，婴儿期若缺铁，除引起缺铁性贫血外，其精神发育以及运动发育均与正常儿之间存在差异。缺铁患儿最为典型的表现是易激动或对周围事物缺乏兴趣，学龄儿童则表现为认知能力较差，青少年缺铁表现为注意力、学习记忆能力异常、工作耐力下降，对刺激应答减弱。有研究表明，儿童期缺铁，在 19 年后其认知功能仍低于正常儿童，可见儿童早期的铁缺乏对神经生物学方面的影响深远。

铁是细胞色素蛋白中血红素的关键成分，在细胞呼吸过程中介导线粒体内的电子传递，铁代谢对脑组织的功能活动极为重要，缺铁会影响认知能力的发展，但铁过量也会损害大脑。不同神经发育阶段、不同大脑区域对铁缺失的敏感性各不相同，研究发现在皮质和海马回区域发生的晚期铁缺失与早期铁缺失相比，受铁缺失的影响较小，然而深部小脑核、浅表小脑和丘脑在晚期受铁缺失影响更大，其余区域在这两个阶段没有显著性差异。随着年龄的增长，脑内的铁会随之增加，而大脑对铁代谢紊乱非常敏感，已发现脑组织铁代谢相关蛋白的异常和铁积聚与神经退行性疾病的发生密切相关。铁浓度过高会导致神经元死亡，脑内铁含量过高通过 Fenton 反应形成过量的氧自由基，导致细胞膜脂质过氧化而引起细胞的凋亡，铁代谢和铁转运相关基因的突变或缺失是引起神经退行性疾病中脑铁代谢紊乱的根本原因，例如，编码铁蛋白轻链的基因突变就能引起患者脑中铁和铁蛋白异常的聚集，从而影响到铁的贮存，最终引起其他铁相关疾病。

第二节　铁在人体内的代谢

一、铁的来源及生理需要量

人体内铁的来源有两个方面：一是来源于食物中的铁，如动物的肝脏、肾脏、瘦肉、蛋黄和鱼类等；植物的豆类、蔬菜和水果等均含有丰富的铁质，其中，无机铁较多。一般每日的食物中含铁 10～15mg，平均吸收率为 5%～10%，即每日摄入 0.5～1.5mg 的铁。二是来源于红细胞破坏释放出来的铁，它的 80% 又重新用于血红蛋白的合成，20% 贮存起来。因此，铁在体内代谢中，可被身体反复利用，排出量很少。人体对铁的生理需要量也是很少的，并且随年龄的变化而变化，另外还有性别、特殊生理期等的差异。中国营养学会制订的中国居民膳食铁参考摄入量：婴幼儿 10～12mg/d，男青年 20mg/d，女青年 25mg/d，男成人 15mg/d，女成人 20mg/d，孕妇及哺乳期 15～35mg/d，老年人 15mg/d，可耐受最高量为 50mg/d。

二、铁的吸收

食物中的有机铁进入胃，在胃酸及胃蛋白酶的作用下溶解成为无机铁，进入肠被各种还原剂还原为 Fe^{2+} 被肠吸收。无机铁比有机铁易吸收，Fe^{2+} 比 Fe^{3+} 易吸收。铁主要在十二指肠和空肠上段吸收，但也有少量铁在胃内吸收，并且胃液的环境对铁的吸收起着重要作用。Fe^{2+} 被吸收后在铜蓝蛋白的作用下氧化成 Fe^{3+}，之后与转铁蛋白结合被转运到各组织，在组织细胞内 Fe^{3+} 与转铁蛋白分离并被还原成 Fe^{2+}，血浆转铁蛋白将大部分铁转运到骨髓，用于合成 Hb（血红蛋白），小部分运到组织细胞用于合成含铁蛋白或储存。

食物中的铁一般分两大类：血红素铁与非血红素铁。铁在食物中主要以三价铁的形式存在，少数为还原铁形式。肉类等动物性食物中的铁约一半是血红素铁，其他为非血红素铁。前者在体内吸收时，不受膳食中植酸、磷酸的影响，后者常受膳食因素的影响。非血红素铁在吸收前，必须首先与其结合的有机物如蛋白质、氨基酸和有机酸等分离，再转化为亚铁后方可吸收。与血红素铁的吸收不同，非血红素铁的吸收在很大程度上受膳食因素的影响。

影响铁吸收的因素有以下几方面。

（一）摄入铁的量

在一般情况下，机体摄入的铁量增加，其吸收量也增加，虽然大量摄入时吸收的百分率很低，但吸收的绝对量仍然增加。其中，二价铁比三价铁更易吸收。

（二）机体状况对铁吸收的影响

1. 胃肠因素

酸性胃液对保持铁的可溶性和还原性是有利的，因此体内缺乏胃酸或服用抗酸药可影响铁的吸收。

2. 造血和铁贮存状况

许多研究证明，铁的吸收与体内铁的需要量和贮存量有关。一般贮存量多时其吸收较低；反之，贮存量低或需要量增加时则吸收率增高。

3. 生长发育和年龄

铁吸收率随婴儿体内铁贮存减少而明显增加，但进入中老年阶段后随着年龄增加，机体对铁的吸收率则逐渐降低。

（三）膳食因素

食物的搭配是影响铁吸收的重要因素之一。膳食中的非血红素铁必须转变为Fe^{2+}才能被吸收。植物性食物中的膳食纤维、多酚类化合物、植酸盐、草酸盐等影响其吸收。另外，维生素 A、维生素 C、维生素 B_2、β-胡萝卜素、有机酸、动物性食物及某些单糖、脂类可促进铁的吸收。

三、铁的排泄

通过不同途径摄入体内的铁，除了供机体需要外，多余的铁主要以 3 种形式排出体外，以保持体内铁的平衡。一是经消化道上皮细胞脱落而排出，如由胆汁、脱落的黏膜细胞和少量的血液通过粪便排出；二是由汗液和皮肤脱落细胞排泄少量的铁；三是由尿液排泄，这种方式丢失的铁最少。正常人每日铁吸收量变化较大，主要视体内需要量而定，而排泄量却相对稳定，约 1mg/d，其中 90% 从肠道排出，尿中排出量极少，另外，月经、出血等也是铁的排出途径。

第三节 生物体内铁失衡的危害

一、铁过量的相关疾病

流行病学调查和动物实验研究都表明，体内铁的贮存过多与许多疾病如心脏病、肿瘤、糖尿病、关节炎和骨质疏松症等有关。人类由于大量食用铁强化食品、红肉（含血红素铁）；使用铁制炊具；超量服用维生素 C；饮用柠檬酸；嗜酒等而摄入过量的铁。特别是由于膳食结构的改变、强化食品的过度食用和工业污染等原因，可通过多种途径使进入体内的铁增加。

铁的生物学功能主要是其化学性，铁可以接收和供给电子，铁同时存在 Fe^{2+} 和 Fe^{3+} 两种价态，因此铁水平在细胞内必须得到很好的维持。过量的铁会导致氧化性胁迫，称为 Fenton 反应。这是由于二价铁能够活化过氧化氢，形成羟基自由基，它们具有很强的氧化能力，能改变细胞的成分，并导致细胞完整性的损失，甚至导致细胞死亡。此外，高的活性氧自由基，例如 OH^- 和 $\cdot O_2^-$，其毒性也是很高的，原因是它们能够快速与活细胞中各种分子进行结合，其后果是 DNA 的损伤、蛋白质、膜脂质和糖的合成受损、蛋白酶的降低，进而改变细胞的增生。另外，游离的铁还能够直接和不饱和脂肪酸结合，导致脂质过氧化，形成烷氧基和过氧化氢自由基，进而严重的损害细胞完整性，引起细胞的死亡。铁的这一损伤性的效应导致铁在癌症的病变中、动脉粥样硬化疾病、神经退行性疾病，例如帕金森氏症和阿尔茨海默氏病中起着重要的作用。

二、铁缺乏的相关疾病

铁缺乏是一个渐进的过程，长期缺铁使体内血红蛋白量合成减少，最终发展为缺铁性贫血。缺铁性贫血的婴儿，典型的表现是易激动或对周围事物缺乏兴趣。青少年缺铁表现为注意力不集中、学习记忆能力下降，注意范围狭窄，工作耐力下降，对刺激应答减弱，易疲倦。据 WHO 报道，全世界有 10% ~ 20% 的人患缺铁性贫血，其中，成年男子约占 10%，妇女约占 20%，孕妇和儿童占 40% ~ 60%。

缺铁性贫血已然成为当今世界的一个主要的公共营养问题。在发展中国家，怀孕妇女以及儿童是受影响最多的人群。缺铁性贫血对机体的影响是多方面的：

第一，含铁酶的功能降低；第二，影响行为和智力发育；第三，机体抗感染能力降低；第四，影响机体的体温调节；第五，影响机体生长发育。

　　现在的补铁制剂如硫酸亚铁和葡萄糖酸亚铁被认为是最有效的治疗缺铁性贫血的临床用药。然而，硫酸亚铁治疗的副反应有很多，例如，可以导致机体便秘、腹泻和体重下降。另外，亚铁盐的化学形式很容易被其他饮食成分所影响。例如，存在于谷类、豆类的植酸和存在于茶、咖啡、红酒、蔬菜、药草的多酚都能螯合植物成分铁盐中的铁，在肠道中形成不溶性复合物，抑制铁的吸收。

　　到目前为止，在已经发现的植物中，只有豆科类植物是将其90%的铁储藏于种子的铁蛋白中。所以，来源于豆科类植物的铁蛋白是一个理想的补铁资源。铁蛋白广泛存在于细菌、动物和植物体内，基于其具有铁储存及调节体内铁平衡的功能，铁蛋白能够将机体内的铁保持在可溶、无毒且生物可利用的形式。因此，研究植物铁代谢且开发一种新型的补铁制剂势在必行。植物铁蛋白被认为是21世纪新型的最具开发潜力的补铁功能因子。

第二章　植物铁蛋白的分子结构

第一节　植物铁代谢

在植物体内，铁参与叶绿素的合成、体内氧化还原反应、生物固氮、植物呼吸作用，还参与许多酶促反应，兼有结构成分和活化剂的作用。世界上许多国家由于土壤钙化而使植物可利用的铁元素缺乏。据统计，全世界有1/3的土壤是石灰性土壤，约40%的土壤缺铁，植物缺铁黄化已成为世界性营养失调问题，与之相伴随的人类缺铁的问题也极为严重。

一、植物铁的吸收

土壤中铁的含量较高，但可被植物直接吸收利用的铁很少。土壤中的铁绝大多数以无机形态存在，结合在有机物中的铁为数不多，可溶离子态的铁在一般土壤中存在更少，尤其是在氧化条件以及中性到碱性土壤中，这些离子态的铁（Fe^{3+}和Fe^{2+}）的浓度非常低，约为10^{-10} mol/L或更低。所以，在正常土壤 pH 值下，通过质子流及其扩散供给的无机铁远低于植物的需要，只占植物总吸收铁量的3% ~ 9%，而根在土壤孔隙伸展过程中接触和置换吸收的铁占23% ~ 56%。可见，新根尖的生长对植物铁吸收具有非常重要的作用，而且根尖对铁的吸收速率也大于根基部。植物根系能否有效吸收无机铁取决于在根际范围内降低 pH 值和使 Fe^{3+} 转变为 Fe^{2+} 的能力。一般认为，二价铁是植物吸收的形态，三价铁必须在输入细胞质之前在根表还原成二价铁。因此，如果没有主动的调节机制使植物获得充足的铁，那么大多数植物便会表现出缺铁症状。目前，人们已较为清楚地认识到，缺铁条件下高等植物为防止缺铁，产生了两种独特的铁吸收机制。

除了铁供应充足时的非特异性铁吸收机制外，对于双子叶和非禾本科单子叶植物而言，还会在根系产生如下生理及形态的变化，如根系 Fe^{3+} 还原酶活性的增加、净质子分泌量的增加，有机酸及酚类物质的分泌，以及产生根尖膨大、根毛增多、根表产生转移细胞等，即机理Ⅰ。机理Ⅰ的植物 Fe^{3+} 必须先还原为 Fe^{2+} 才能被吸收利用。缺铁条件下，机理Ⅰ植物的一个显著特征是根系向外分泌 H^+ 的能力增加。根细胞原生质膜上受 ATP 酶控制的质子泵因缺铁诱导激活，向膜外泵出的质子数量增多，致使根际 pH 值明显下降。此外，缺铁条件导致机理Ⅰ植物体内缺铁信号物质的生成，该信号被转入到根细胞内，启动能感受缺铁信号的未知转录因了的表达，然后该因子与已知铁吸收调控因子 FER 或 FIT 结合，形成异源二聚体，调控铁高效吸收相关基因，如三价铁螯合物还原酶 FRO2、亚铁离子高亲和力转运蛋白 IRT1 等基因的表达，从而将 Fe^{3+} 在根表面还原成 Fe^{2+}，再通过高亲和力亚铁离子转运蛋白转运到细胞内，供代谢利用。在缺铁胁迫的条件下，机理Ⅰ植物通过激活一种特异的 H^+ – ATPase，这种还原酶催化电子从胞质中还原态的吡啶核苷酸（NADH）跨膜传递给胞外作为电子受体的 Fe^{3+} 螯合物，这是机理Ⅰ植物吸收铁的一个专性前提条件。而 Chaney 等很早就已提出，机制Ⅰ型植物对铁的吸收分两步进行：第一步，Fe^{3+} 还原成 Fe^{2+}；第二步，以 Fe^{2+} 的形态吸收运输铁。此外，目前已从遗传上证明了三价铁螯合物还原酶为机制Ⅰ型植物吸收利用铁所必需。根系中 Fe^{3+} 被还原为 Fe^{2+} 后，Fe^{2+} 通过它的转运蛋白跨越根部的细胞质膜而被转运。

对于禾本科植物而言，根系对缺铁的反应为植物铁载体释放量的增加。植物铁载体对于根系铁的吸收和跨膜运输有不可替代的作用，这一吸收过程被称为机理Ⅱ（图 2 – 1）。在缺铁条件下，铁高效禾本科植物可以分泌大量的铁载体，其活性不受土壤 pH 的影响，它对土壤中的铁有较强的螯合能力，可以利用难溶性的无机铁化合物。同时在缺铁植物根系细胞原生质膜上存在专一性很强的 Fe^{3+} –铁载体运载蛋白系统，铁载体将 Fe^{3+} 通过运载蛋白系统带入细胞质中，Fe^{3+} 在细胞内被还原成 Fe^{2+} 后，铁载体又可进入根际运载新的 Fe^{3+}。如此往复使得禾本科单子叶植物获得所需要的铁。从机理Ⅱ植物（如大麦、燕麦和水稻）中分离到的铁载体，后来被确定为麦根酸类植物高铁载体，对 Fe^{3+} 有着强烈的亲和力（具有 6 个螯合 Fe 的功能基团）并能形成稳定的、八面体的三价铁螯合物 $[Fe^{3+} – MAs]$。麦根酸（MAs）的分泌由缺铁胁迫诱导产生，禾本科植物缺铁时通过 MAs 的诱导合成向根际分泌，在根际对难溶性铁进行活化，根际通过 $[Fe^{3+} – MAs]$ 螯合物的专一性吸收以适应缺铁胁迫环境。

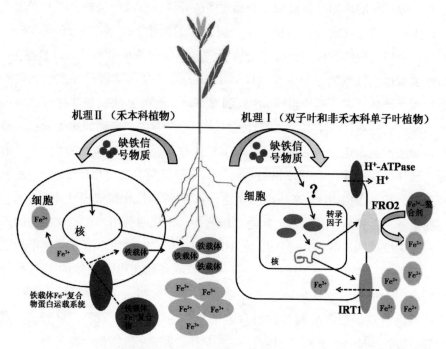

图 2 - 1　植物铁吸收的分子调控模式示意图（Abadía J，et al.，2011）

二、植物铁的运输

铁的跨膜运输是主动运输，它是由位于原生质膜上的"ATP 酶 – 质子泵"和"还原泵"操纵的。就机理 I 型植物而言，铁的还原和吸收与质子泵的驱动相偶联，这类植物的根通过 ATP 酶启动的质子泵释放质子，并分泌酚类，表现出增加质膜上的依赖 NADPH 还原酶的活性。Fe^{3+} 在根表被还原为 Fe^{2+} 后进入根系细胞质中，细胞质中的 Fe^{2+} 在进入木质部运输之前重新被氧化为高价铁形式而与柠檬酸结合在木质部中运输。机理 II 型植物由根系吸收的铁进入木质部运输有 2 种可能机制：①与铁载体结合的 Fe^{3+} 在根细胞中被分解，Fe^{3+} 与烟酰胺或柠檬酸结合，其中烟酰胺铁进入根细胞液泡中贮存，而柠檬酸铁则进入木质部向地上部运输；②与铁载体结合的 Fe^{3+} 直接穿越根系细胞而进入木质部运输。

第二节　植物铁蛋白概述

一、铁蛋白分子结构的一般特性

铁蛋白分子的空间结构在各类生物体中是很保守的。典型的铁蛋白分子通常包括 24 个亚基，形成一个中空的蛋白质外壳。球状铁蛋白的内径通常为 7～8nm，外径为 12～13nm，厚度为 2～2.5nm。大约 4 500 个三价铁原子以无机的矿物质的形式储存于蛋白质。铁蛋白每两个亚基反向平行形成一组，再由这 12 组亚基对构成一个近似正八面体，成 4－3－2 重轴对称的球状分子（图 2－2A）。铁蛋白每个亚基外形成空心的柱状（长约 5nm，直径约 2.5nm），且由一个两两成反向平行的 4 个 α 螺旋簇（A、B 和 C、D）、C 末端第五个较短 α 螺旋（E）以及 N 末端的伸展肽段（EP）构成，B 和 C 螺旋之间由一段含 18 个氨基酸的 BC－环连接，E 螺旋位于 4α 螺旋簇的尾端并与之成 60°夹角（图 2－2B）。每个铁蛋白分子形成 12 个二重轴通道、8 个三重轴通道和 6 个四重轴通道，这些通道被认为是铁蛋白内部与外部离子出入铁蛋白的必经之路，起着联系铁蛋白内部空腔与外部环境的作用。

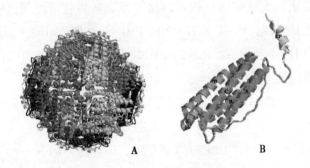

图 2－2　植物铁蛋白结构

（A. 由 24 个亚基组装成的球状结构；B. 铁蛋白单个亚基）

二、植物铁蛋白结构的特殊性

植物铁蛋白和动物铁蛋白起源是相同的，但是植物铁蛋白与动物铁蛋白在结构上存在明显的不同：

第一，对于哺乳动物来说，铁蛋白通常由 H（重链，分子量约为 21kDa）和 L（轻链，分子量约为 19.5kDa）两种类型的亚基组成，二者氨基酸序列具有 55% 的相似度，但是功能截然不同，这与它们的结构密切相关。H 型亚基包含 1 个由 His65、Glu27、Glu107、Tyr34、Glu62 和 Gln141 6 个保守的氨基酸组成的亚铁氧化中心（Ferroxidase site）主要负责亚铁离子的快速氧化，1 个亚铁氧化中心可同时结合 2 个 Fe^{2+} 离子；而 L 型亚基缺乏这个活性中心，但是它含有 1 个成核中心（Nucleation site），负责亚铁离子的缓慢氧化以及矿化核的形成。两种亚基的组成比例具有组织特异性，例如，心脏和脑由于铁代谢旺盛而富含 H 型亚基，肝脏和脾脏由于主要用于铁的长期储藏而富含 L 型亚基。另外，对于牛蛙等两栖动物来说，其红细胞中铁蛋白除了具有与哺乳动物类似的 H 和 L 型亚基外，还存在一种包含一个亚铁氧化中心的 M（Medium）型亚基或叫作类 H 型亚基，3 种亚基可以形成杂合体铁蛋白。

对于植物铁蛋白来说，其 24 个亚基均为 H 型亚基，每个亚基都含有 1 个亚铁氧化中心，其氨基酸组成与动物铁蛋白 H 型亚基具有约 40% 的相似度。但目前已知的植物铁蛋白，如豌豆、大豆、黑豆、玉米、苜蓿以及拟南芥等植物种子中分离得到了铁蛋白，都是由 26.5kDa（H-1）和 28.0kDa（H-2）两种亚基组成。前人的研究认为，H-1 亚基是由 H-2 亚基通过羟基自由基降解而来的；而最近通过分别比较大豆和豌豆铁蛋白这两种亚基的肽指纹图谱（Peptide mass fingerprint，PMF）发现，H-1 和 H-2 的 PMF 图谱明显不同。同时，也克隆得到了大豆铁蛋白 H-1 和 H-2 亚基的编码基因分别为 SferH-1 和 SferH-2，充分证实植物铁蛋白是多基因编码的。

第二，与动物铁蛋白相比，EP 是成熟的植物铁蛋白亚基 N 端特有的重要组成部分，研究表明，H-1 和 H-2 亚基来源于不同的前体蛋白（二者分子量均约 32kDa，氨基酸组成具有约 80% 的相似度），前体蛋白的 N 端包含两个植物铁蛋白所特有的结构域 - TP（Transit peptide）和 EP（Extension peptide）。TP 由 40~50 个氨基酸组成，主要负责将前体蛋白转运到质体中，一旦前体蛋白进入质体，TP 就会被切除掉，然后亚基在质体中组装为成熟的铁蛋白。早期的研究认为 EP 与铁蛋白的稳定性有关，最新的研究表明，EP 肽段包含植物铁蛋白的第二个亚铁氧化中心，负责 Fe^{2+} 的表面氧化（> 48 iron/protein）。

三、铁蛋白铁吸收反应研究进展

目前，铁蛋白铁吸收反应主要是指铁蛋白铁氧化沉淀反应。而铁蛋白铁氧化沉淀反应具体是指当细胞内 Fe（Ⅱ）浓度高时，铁蛋白催化 Fe（Ⅱ）被氧化剂（氧分子或过氧化氢）氧化的反应，并把生成的 Fe（Ⅲ）储藏于其内部空腔而没有将产物释放到溶液中，每分子铁蛋白可最多储存 4 500 个 Fe（Ⅲ）。可见，铁蛋白能将 Fe（Ⅱ）氧化成 Fe（Ⅲ）并储藏在其内部空腔是一个非常有趣的生物矿化（Mineralization）现象，关于 Fe（Ⅱ）在铁蛋白中的氧化沉淀机理也成为国际生物无机化学领域的研究热点。

目前，研究主要集中于重组的人重链铁蛋白（Recombinant human H-chain ferritin，HuHF）、马脾铁蛋白（Horse spleen ferritin，HoSF）、重组的牛蛙 M 或 H 型铁蛋白（Recombinant bullfrog M or H-chain ferritin，BfMF or BfHF）以及豌豆铁蛋白（Pea seed ferritin，PSF）。对以上铁蛋白铁氧化沉淀机理的研究发现了如下 4 条途径。

第一条途径：当加入 Fe（Ⅱ）的量（≤ 2 Fe（Ⅱ）/H-chain）时，反应机理如下：

$$2Fe^{2+} + O_2 + 4H_2O + P \rightarrow \{P - [Fe_2O_2]_{FS}^{2+}\}$$

$$\rightarrow \{P - [Fe_2O(OH)_2]_{FS}^{2+}\} \rightarrow P + 2FeOOH_{(core)} + H_2O_2 + 4H^+ \qquad (1)$$

P 代表没有结合铁的亚铁氧化中心，它位于 H 型或类 H 型亚基中。从反应方程式（1）可以看出，首先在铁蛋白的 H 型或者类 H 型亚基的亚铁氧化中心，2 个 Fe（Ⅱ）被 1 个氧分子氧化生成 1 分子过氧桥连的三价双铁中间体 [μ-1，2-peroxodiiron（Ⅲ）intermediate]，该中间体在可见光区 650nm 处有最大吸收，对于 HuHF 在 50 ms 时达到最大吸收；该化合物不稳定，迅速分解为氧桥连的三价双铁配合物 [μ-1，2-oxodiiron（Ⅲ）complex]；并最终分解为单核的 Fe（Ⅲ）化合物，从亚铁氧化中心转移至铁蛋白空腔内。在这一过程中还伴随有 1 分子 H_2O_2/2Fe（Ⅱ）以及 4 个 H^+/2Fe（Ⅱ）的释放。

第二条途径：当加入 Fe（Ⅱ）的量 [> 10 Fe（Ⅱ）/H-chain] 时，铁的氧化主要在铁核上进行，这时矿化机理扮演主要角色。按照这个机理 1 个氧分子可以氧化 4 个 Fe（Ⅱ），但没有 H_2O_2 的生成，反应方程式如下：

$$4Fe^{2+} + O_2 + 6H_2O \rightarrow 4FeOOH_{(core)} + 8H^+ \qquad (2)$$

Zhao 等利用紫外可见光停流技术（UV-visible stopped-flow）对 HuHF 的研究表明：当一次加入的 Fe（Ⅱ）的量 [>48 Fe（Ⅱ）/protein] 时，过氧桥连的三价双铁中间体同样可以形成，但随着一次加入的铁离子的量从 100Fe（Ⅱ）/铁蛋白、200Fe（Ⅱ）/铁蛋白、500Fe（Ⅱ）/铁蛋白到 800Fe（Ⅱ）/铁蛋白，过氧桥连的三价双铁中间体在 650nm 处呈现出非凡的生成和分解动力学曲线。研究表明，当加入 Fe（Ⅱ）的量多时，蛋白催化与矿化机理同时并存，但是随着加入量的逐渐增加，矿化机理所起的作用也随之增加。

第三条途径：当加入 Fe（Ⅱ）的量多时，除了上述这两条铁氧化途径外还存在另一个去毒反应（Zhao et al.，2003），即铁氧化沉淀的第三条途径，如反应方程式（3）所示：

$$2Fe^{2+} + H_2O_2 + 2H_2O \rightarrow 2FeOOH_{(core)} + 4H^+ \tag{3}$$

从反应方程式（3）可以看出，虽然它的反应物与 Fenton 反应相同，但产物却大不相同，反应并没有产生羟基自由基，因此，通过这个反应，铁蛋白不但可以去除 Fe（Ⅱ）的毒性，同时还可以消除过氧化氢的毒性，更加证实了哺乳动物铁蛋白在细胞内具有去毒功能。Zhao 等人利用 EPR 顺磁旋诱捕技术在无氧条件下监测 Fe（Ⅱ）与过氧化氢反应有无羟基自由基的生成，发现当人重组 H 型亚基铁蛋白存在时，羟基自由基生成得到极大抑制，即人重组 H 型亚基铁蛋白可以抑制 Fenton 反应的发生，而且这项功能与亚铁氧化中心密切相关。上述结果与铁蛋白的去毒功能是一致的。

第四条途径：最近的研究表明，在植物铁蛋白（PSF）中，当加入 Fe（Ⅱ）过量情况下 [>2Fe（Ⅱ）/H-chain]，铁蛋白空腔内铁矿核较小（<200Fe）时，除了上述这 3 条铁氧化途径外还存在第四条途径（Li et al.，2009a），即植物铁蛋白的表面氧化途径，如示意图 2 - 3 所示：植物铁蛋白表面氧化途径的第一步是当 Fe（Ⅱ）过量情况下 [>2Fe（Ⅱ）/H-chain]，铁蛋白空腔内铁矿核较小 [<200Fe（Ⅲ）/shell] 时，Fe（Ⅱ）结合到位于豌豆铁蛋白表面的 EP 肽段上；第二步是 Fe（Ⅱ）-P 被氧化为 Fe（Ⅲ）-P（即 Species A）；第三步则是 Fe（Ⅲ）-P 单体聚合形成中间体 B 和中间体 C，再到形成终产物 D；第四步是 Fe（Ⅲ）转移至豌豆铁蛋白空腔内部，终产物 D 解聚。

研究表明，这条亚铁表面氧化途径适用于 ApoPSF 和 HoloPSF，它明显不同于方程（2）描述的 Fe（Ⅱ）直接在铁矿核表面氧化的机理。当加入 Fe（Ⅱ）过量情况下 [>2Fe（Ⅱ）/H-chain]，随着铁蛋白空腔内铁矿核增大，矿化机理

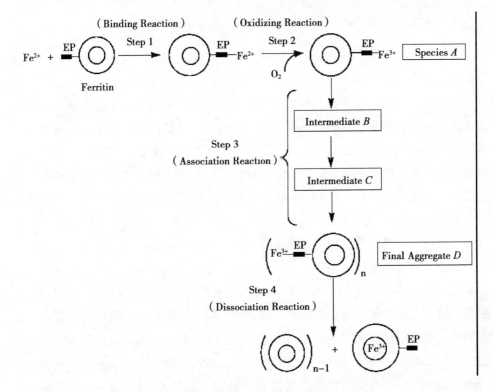

图 2 - 3　植物铁蛋白（PSF）亚铁离子表面氧化过程推导示意图（Li et al. ，2009a）

［方程（2）］起到越来越重要的作用，而表面氧化作用则逐渐减弱，当矿化核达到 1 600Fe（Ⅲ）/shell 时，几乎观察不到聚合发生。

　　综上所述，二价铁离子在铁蛋白中氧化沉淀至少存在以上 4 种途径［反应方程式（1）、（2）、（3）和示意图 2 - 3］，各种反应途径所占比例跟亚铁离子的量，以及 H 型与 L 型亚基在铁蛋白中的比例有关。当亚铁离子含量较高时以矿化途径［方程（2）］为主，但亚铁氧化反应途径［方程（1）］及去毒反应途径［方程（3）］也同时存在；H 型亚基与 L 型亚基在铁氧化过程中存在协同作用，包含两种亚基的异构铁蛋白在 pH 值 5.5 时能够氧化亚铁离子，而人重组 L 型亚基铁蛋白则不能，当 H 型亚基比例占到异构铁蛋白的 18% ~ 30% 时，亚铁离子氧化沉淀效率最高；在植物铁蛋白中，除了存在前三条亚铁氧化途径外，在一定条件下，还发生第四条亚铁表面氧化途径，这与植物铁蛋白特殊的结构密切相关。

四、植物铁蛋白中铁的还原释放——EP 参与的铁释放的途径

目前，有关铁蛋白铁氧化沉淀的研究很多。与之相比，有关铁蛋白尤其是植物铁蛋白的还原释放方面的研究还很少。铁蛋白中铁的释放具有重要的意义，因为这一过程与植物和动物细胞的生长过程密切相关。然而，关于植物铁蛋白如何调节铁释放满足其生长需要的具体机制目前仍然不清楚。我们的研究发现大豆铁蛋白（Soybean seed ferritin, SSF）的 EP 片段有类丝氨酸蛋白酶活性，进而可以导致铁蛋白的自降解。与降解这一过程相伴随的是快速的铁释放以满足种子生长的需要，即植物铁蛋白通过 EP 来调节铁释放从而起到补充铁的作用。研究还发现，去除含铁的大豆铁蛋白（HoloSSF）的 EP 肽段后，蛋白质在同样的实验条件下变得稳定，这个结果进一步证实了 SSF 的降解是基于 EP 的自降解。同时，蛋白酶活性测定的实验结果显示 EP－1（H－1 亚基含有的 EP 肽段）具有明显的丝氨酸蛋白酶活性，而 EP－2（H－2 亚基含有的 EP 肽段）的活性则相对较弱。因此，EP－1 主要参与 SSF 的降解。EP－1 和 EP－2 功能的不同可能主要是由于它们的氨基酸残基组成不同。EP－1 在肽链 50 位和 68 位含有 2 个丝氨酸，而 EP－2 只在 49 位含有丝氨酸。而且 rH－1（recombinant H－1 ferritin）和 rH－2（recombinant H－2 ferritin）的稳定性实验证实上面结论，即 rH－1 的稳定性比 rH－2 差，这说明了野生型 SSF 在储存中的降解主要是由于 EP－1 的丝氨酸蛋白酶活性造成的。

五、植物铁蛋白作为补铁制剂的研究现状

缺铁性贫血（Iron Deficiency Animia，IDA）是当今世界发病率最高的营养性疾病之一。如何改善铁营养状况，是世界也是我国迫切需要解决的问题。目前常用的以亚铁离子的无机盐为代表的补铁制剂，由于这些化合物易与硫化物及多酚结合引起食品变色变质，而且服用过多 Fe^{2+} 会诱发 Fenton 反应产生自由基，对胃肠道刺激严重，甚至可能会引发疾病；另外，亚铁离子会受到食物中一些小分子螯合剂（如植酸、单宁等）的干扰，导致亚铁离子的吸收利用率不高。因此，开发天然、安全、生物利用率高、稳定性好的新型补铁制剂具有重要意义。

以大豆种子铁蛋白为代表的植物铁蛋白被认为是未来一种新型的、天然的功能性补铁因子。早期使用放射性同位素标记技术研究表明铁蛋白中铁的吸收存在很大的争议，可能是铁蛋白的来源以及标记方法的不同所造成的。早在 1984 年，

Lynch 等采用外标法研究发现豆科作物铁蛋白中铁的利用度很低。然而，最近以马脾脏铁蛋白、大豆种子以及硫酸亚铁为铁源喂食缺铁老鼠，21d 后发现上述 3 种处理后，老鼠体内血红蛋白含量均达到对照水平，由于大豆种子中的铁主要以铁蛋白的形式存在，该实验充分说明大豆种子铁蛋白供铁与马脾铁蛋白和硫酸亚铁一样有效。同时，大豆种子中铁的生物利用度又被采用内标法进行了评价，采用两种类型的膳食（汤和松饼），其中，添加含有 ^{55}Fe 的大豆并且以标记的硫酸亚铁为参考计量评价吸收铁的能力，在 14d 和 28d 后分别测定红细胞的放射性强度，表明两种膳食方式中 ^{55}Fe 的吸收均为 27%，与对照相似，进一步说明大豆可以作为很好的补铁原料。我们近期的动物实验同样证明 SSF 粗提物和硫酸亚铁对于提升红细胞数、血红蛋白、血清铁蛋白和血清铁水平同样有效。因此，植物铁蛋白代表了一种新型的，可利用的植物源性的补铁制剂。

植物铁蛋白作为新型的补铁制剂具有很广阔的应用前景，但是，仍旧面临一些问题需要解决。在 pH 值 = 2 的情况下，铁蛋白易被胃蛋白酶消化，此时铁蛋白中的铁释放出来后，其具体的吸收机制目前还不太清楚。笔者所在实验组近期的研究表明原花青素和铁蛋白结合可以阻止铁蛋白被胃蛋白酶降解，而且原花青素的保护可以提高铁蛋白在肠液中的稳定性。这些发现可以认为原花青素的保护作用提高了植物铁蛋白在胃肠道中的利用程度。而最近的动物实验研究表明，原花青素具有抑制铁蛋白铁吸收的作用，其原因还不清楚。另外，在本实验中，还发现原花青素对缺铁性贫血的动物有害，原花青素组大鼠在缺铁第 8 周全部死亡，而缺铁性贫血对照组大鼠全部生存。这一现象可能是因为原花青素螯合铁的作用比较强。因此，如何提高铁蛋白中铁的吸收利用是研究的热点之一。

近来，越来越多的研究开始着眼于铁蛋白的受体研究。Tim − 2 受体对 H 型铁蛋白是特异性的。目前也已经发现 AP − 2 受体、转铁蛋白受体 −1（Transferrin receptor −1，TfR −1）是新的铁蛋白受体。TfR −1 对 H 型铁蛋白的结合是特异性的。转铁蛋白只是部分抑制 H 型铁蛋白结合到受体上，显示铁蛋白和转铁蛋白的结合位点是不重叠的。植物铁蛋白只含有 H 型亚基，和动物的 H 型亚基具有 40% 的序列相似性，因此，TfR −1 是否可能也是植物铁蛋白的受体，需要我们进一步探讨。最近的动力学研究显示，抑制 Caco −2 细胞上特异性的铁蛋白受体及其内吞作用能够降低细胞的铁吸收，这些结果表明，SSF 是通过表面细胞膜铁蛋白受体的内吞作用进入细胞后将蛋白质外壳降解，将铁释放进入细胞的。目前，关于铁蛋白在小肠中的吸收提出了 3 条可能的吸收机制：第一，铁蛋白的蛋白质外壳在肠道中被胃蛋白酶降解释放出铁核，然后铁核被还原剂（如维生素 C）还原成 Fe^{2+}，Fe^{2+} 被受体 DMT1（Divalent metal transporter 1）转运到小肠上皮细胞中，此途径是一条已经被广泛认可的 Fe^{2+} 吸收机制（图 2 - 4A）；第二，铁蛋白的蛋白质外壳在肠道中被胃蛋白酶降解释放出铁核，铁核通过胞饮作用直接被吸收，此途径只是一种假设尚需进一步验证（图 2 - 4B）；第三，虽然铁蛋白会被胃蛋白酶降解，但也有少数的蛋白可逃脱蛋白酶的降解，从而与位于小肠上的受体结合完整的转运到小肠上皮细胞中（图 2 - 4C）。目前，已经发现了铁蛋白的受体 AP - 2，在这个过程中 EP 会不会起到作用目前还不清楚。由于铁蛋白中铁含量高，如果以完整的铁蛋白分子被吸收，其吸收不受膳食因子的影响，吸收效率会非常高，所以近来越来越多的研究开始着眼于铁蛋白的受体研究。

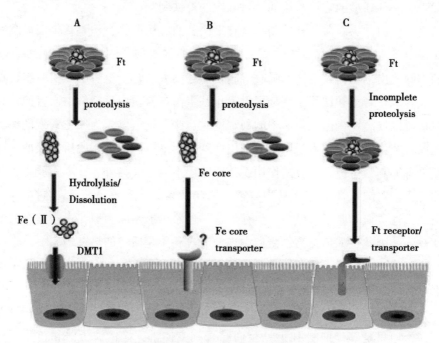

图 2 - 4　铁蛋白在小肠中可能的吸收机制（Lönnerdal，2009）

第三章　饮食铁吸收途径的概述

第一节　饮食铁的吸收部位及其吸收通路

体内生理性的铁损失包括胆管、尿中铁的分泌和从皮肤以及内脏中损失的铁，成人大约有 1mg/d。因为绝经和分娩，妇女通常丢失的血红蛋白中含有高浓度的额外的铁。在健康成人中，由于分泌导致的铁缺失，通过摄入充足的铁（每天 1~2mg）即可维持体内相对稳定的铁浓度。尽管铁分泌在维持铁的平衡中非常重要，近端小肠的吸收过程也在这一过程中起到积极的作用。

小肠是控制饮食铁摄入的主要部位，通过刷状缘将吸收的铁释放到血液循环中。在小肠的肠腔中，铁是以二价盐和三价盐的形式存在的。因为三价铁在 pH 值高于 3 的情况下是不可溶的，三价铁必须被还原或者是被氨基酸或者是被糖类螯合才能被很好的吸收。然而，大多数饮食无机铁是三价铁的形式，因此，降低三价铁的价态对于有效的铁吸收是重要的，这一过程主要由小肠黏膜的铁还原酶所介导。抑制小肠铁还原酶的活性会降低铁的吸收，证明了在饮食铁吸收中铁的还原是相当重要的。与之相补充的是，铁离子可能通过其他的铁蛋白旁路被吸收，但是研究表明这一过程并不是主导性途径。

胃肠道吸收铁是由以下几条通路调节的。第一，它可以被饮食中刚吸收的铁所调节，这一机制称为"饮食调节"。数天后，在饮食铁消化后，有吸收性的肠上皮细胞对于额外的铁吸收是有抵抗性的。这一现象称为"黏膜屏障"，这一屏障能够使细胞内的铁堆积进而满足体内铁的需要。第二，调节机制在于体内储存铁的水平，而非饮食铁。这一机制称为"储存调节"。储存调节能够影响铁摄入的量，已有研究表明饮食铁的吸收不受血浆转铁蛋白浸润铁的直接影响。然而，储存调节的确切机制是不清楚的。第三，调节机制是，红血球生成的调节，其能够增加铁的吸收，而且调节作用要超过储存调节。

第二节　铁吸收途径概述

一、非血色素的铁吸收

血色素和非血色素的营养吸收主要发生在近端小肠，尤其是十二指肠和空肠的腺窝细胞。饮食铁要进入体内的循环中去，必须跨越细胞的 3 个障碍：铁的吸收必须跨越表皮细胞膜，铁被转运到胞浆，铁进入血液。不同于体内其他的组织细胞，转铁蛋白受体不存在于小肠上皮细胞的肠腔面，而是分布于其基底面。因此，肠腔内的铁进入细胞必须历经不同于转铁蛋白－转铁蛋白受体的途径。实际上，肠上皮细胞吸收铁是通过二价阳离子转运体，名为 Nramp2（或者是 DCT1 或 DMT1）。Nramp 是 "natural resistance-associated macrophage protein" 的简称。因为 Nramp2 和 Nramp1 有较高的同源性，Nramp1 在宿主抵抗病原感染中起重要作用。Nramp2 主要负责铁从十二指肠肠腔进入内皮细胞的细胞质中。

人类的 Nramp2 跨越 36Kb，编码至少 2 种拼接形式的 mRNA。Nramp2 的同源型 1 的 3'端非翻译区包含一个铁反应元件，和位于转铁蛋白受体 1 的 mRNA 的 3'端非翻译区的铁反应元件是相似的。与之相对比，Nramp2 的同源型 2 缺乏铁反应元件。相应的，表达同源型 1 的 Nramp2 在铁缺乏的动物和人类肠道细胞中是上调的，而 Nramp2 的同源型 2 则没有出现这种现象。

Nramp2 在许多组织中都表达，在十二指肠刷状缘有较高的表达，这和其在肠道铁吸收中扮演的角色是一致的。Nramp2 包含 12 个跨膜区域，在跨膜区域 7 和 8 中有潜在的糖基化部位。功能性研究显示，Nramp2 是作为质子相关的二价金属转运体存在的。Nramp2 不仅可以转运亚铁离子，还是光谱的二价离子转运体：Zn^{2+}、Mn^{2+}、Co^{2+}、Cd^{2+}、Cu^{2+}、Ni^{2+} 和 Pb^{2+}。另外，Nramp2 的功能是 pH 值依赖性的，在低的 pH 值下是适宜其转运金属离子的（pH 值 <6）。

二、血色素的铁吸收

食物中来自于血红蛋白铁的吸收比无机铁的吸收更有效。铁从肌红蛋白和血红蛋白的吸收与从无机铁的吸收是不同的。最开始，血红蛋白的铁在小肠腔中通过酶解，然后血色素分子以完整的金属卟啉的形式被细胞所吸收。现在有研究显示血色素分子进入细胞是通过血色素受体介导的内吞过程。在肠上皮细胞中，血色素被血色素氧化酶降解，释放无机铁后被保存在铁蛋白中，或者是转运至基底膜后进入人体循环。铁进入细胞完成其生命循环后，一部分铁以铁蛋白形式保存，另一部分被衰老细胞释放后通过胃肠道离开人体，这一过程是铁损失的一个重要的过程。

三、铁蛋白旁路介导的铁吸收

尽管二价铁通过 Nramp2 可以进行更有效的转运，二价铁和三价铁还能够通过其他的途径进入细胞。Paraferritin 是一类 520kDa 的膜复合物，含有 β - 整合素，Mobilferrin，Flavin mono-ox-genase，均参与黏蛋白介导的肠腔中的铁吸收。用抗 β - 整合素的单克隆抗体在红白血病细胞中可以阻碍 90% 的柠檬酸铁的吸收，但是对于亚铁离子的吸收是没有影响的。因此，三价铁大多是通过 Paraferritin - 介导的途径。尽管其确切的机制目前还不清楚，推测可能是由于三价铁在肠腔中通过黏蛋白变为可溶性的，转移到含有 Mobilferrin 和 β - 整合素的 Paraferritin 复合物中，然后进行内吞作用。进入细胞后，Flavin mono-ox-genase 和复合物相互作用，将三价铁降价成二价铁随同有 NADPH 的活性。有趣的是，Mobilferrin 和 β - 整合素的 Paraferritin 复合物同时与 β2 微球蛋白作用。Mobilferrin 和 β2 微球蛋白已经被证明在血代谢铁负荷多的过程中起重要作用。

四、铁输出者：铁转运蛋白

通过定位的基因克隆技术，近来已经发现一种新的铁转运体基因，名为膜铁转运蛋白 1（Ferroportin1），是诱导斑马鱼低血红蛋白贫血的主要原因。小鼠和人类膜铁转运蛋白 1 的序列分析显示在膜铁转运蛋白 1 的 5'端非翻译区有铁反应元件的茎环结构的存在。目前，已经证实膜铁转运蛋白 1 的表达是由细胞内的铁水平来调节的。人类膜铁转运蛋白 1 已被证实了具有 562 个氨基酸的开放框架。膜铁转运蛋白 1 的功能性研究证实其调节铁流出细胞膜是需要亚铁氧化酶活性的辅助的。膜铁转运蛋白 1 在血小板、肝脏、脾脏、巨噬细胞和肾中是高度表达的。在亚细胞水平方面，膜铁转运蛋白 1 位于十二指肠肠腔细胞的基底膜上，显示膜铁转运蛋白 1 是细胞内铁的运出者。因为膜铁转运蛋白 1 位于胎盘合胞体滋养层的基底膜上，也有显示膜铁转运蛋白 1 在运输铁进入胚胎血液循环中起一定作用。

膜铁转运蛋白 1 被认为是与膜相关亚铁氧化酶辅助蛋白和血浆铜蓝蛋白协同

起作用的。膜相关亚铁氧化酶辅助蛋白和血浆铜蓝蛋白是高度相似的，是多铜氧化酶，同时具有亚铁氧化酶活性，用来将铁释放至血液中，结合至转铁蛋白中。和血浆铜蓝蛋白一样，膜相关亚铁氧化酶辅助蛋白不是转运者，但是，能够转运铁从肠上皮细胞至体内循环。膜相关亚铁氧化酶辅助蛋白缺失的后果是，铁转运至血液循环中严重降低，进而会导致小红细胞性缺血。膜相关亚铁氧化酶辅助蛋白介导铁跨越基底膜和与其他因素作用，但是其机制仍然不清楚。

五、转铁蛋白受体介导的铁吸收

体内铁的吸收、储存、利用以及铁在血浆中的转运都需要一种血浆蛋白，名为转铁蛋白，其对于三价铁具有很高的亲和力。大多数非肠道细胞吸收铁是通过转铁蛋白来吸收的。细胞铁的摄入首先涉及转铁蛋白和转铁蛋白受体结合后介导的铁吸收，转铁蛋白受体是细胞主要的表面受体，能够介导铁的吸收。尽管转铁蛋白受体不是直接和铁作用，但它们是大多数细胞中控制铁的吸收和储存的途径。转铁蛋白受体共有两种类型，每一种都含有其独特的细胞和组织特异表达系统。转铁蛋白受体 1 是细胞膜上的糖蛋白，除了成熟的红细胞外，它表达于所有细胞中。转铁蛋白受体 2，是转铁蛋白受体 1 的同源体，特异性表达于肝脏中，尤其是肝细胞。转铁蛋白与转铁蛋白受体结合后，转铁蛋白受体 – 转铁蛋白复合物通过内吞作用进行内化，铁从转铁蛋白释放至酸性的核内体复合物，然后通过核内体的膜后，铁进入细胞内的铁池。细胞内的铁能够被含血色素和不含血色素的蛋白的合成所利用，或者被储存在铁蛋白中。转铁蛋白受体结合转铁蛋白重复循环回到细胞表面被重复利用，完成一个特异的和有效的细胞的铁吸收循环。

（一）铁结合和转运蛋白：转铁蛋白

转铁蛋白是主要的血清蛋白之一，在结合和转运铁的过程中起着重要的作用，因此能够降低铁的有毒的负效应。转铁蛋白是糖蛋白，同时也是分子量约为80kDa 的单个的多肽链，其包含 2 个球状的区域。每个结构域包含一个对于铁的高的结合位点。转铁蛋白结合铁是 pH 值依赖性的，在 pH 值低于 6.5 的情况下，铁从转铁蛋白释放。除了转运铁以外，转铁蛋白可能参与其他一系列金属的转运，例如铝、锰、铜和钙。但是已经证实，转铁蛋白对于铁具有最高的结合力。

转铁蛋白主要在肝脏中合成，但是在脑、睾丸、泌乳乳腺以及一些发育的胎儿组织中也发现有一定的分泌量。转铁蛋白的存在主要有不含铁原子的、含有一个铁原子的和含有两个铁原子的形式的原子。每一种形式的含量取决于铁的浓度和血浆中转铁蛋白含量。在正常情况下，血浆中大部分铁原子结合到转铁蛋白中，铁－转铁蛋白复合物进入细胞通过转铁蛋白受体介导的内吞作用。转铁蛋白的主要功能是从血浆中结合铁后，将其转运到其他组织和细胞中。

（二）转铁蛋白结合和转运蛋白：转铁蛋白受体 1

转铁蛋白受体 1 是跨膜的同型二聚体，包含 2 个相同的亚基。分子量大约为 90kDa，每个单体在半胱氨酸 89 和 98 含有 2 个二硫键连接，同时包含 3 个结构域：1-61 个氨基酸末端区域；含有 28 个残基的跨膜区域，能够帮助受体结合到膜上；1 个大的羧基端区域含有 671 个氨基酸。作为 2 型膜蛋白，转铁蛋白受体 1 羧基端的胞外区域对于转铁蛋白的结合是起关键作用的。因为每个胞外区域含有 1 个对于转铁蛋白分子的结合位点，转铁蛋白受体的胞外区域可同时结合 2 分子的转铁蛋白分子。

转铁蛋白受体 1 可以在网织红细胞的细胞外质中合成，历经一系列的翻译后修饰。细胞外区域包含 3 个 N 连接的糖基化位点，一个 O 连接的糖基化位点。转铁蛋白受体 1N 端连接的糖基化位点对于它的正确折叠是很重要的，糖基化位点的突变能够降低与转铁蛋白结合的活性。苏氨酸 104 位的 O 连接的糖基化的去除增强了转铁蛋白受体 1 细胞外区域的释放。转铁蛋白受体 1 的跨膜区域，包含 18 个疏水的氨基酸，也是受到转录后的调节。疏水的跨膜的区域和脂肪酸共价结合，被棕榈酸盐进行酰化后，帮助受体锚定于血浆膜上。

转铁蛋白受体 1 的细胞质部分是用来聚集受体到血浆膜上，进行转铁蛋白的内吞。已经发现人类转铁蛋白受体 1 的内吞作用比仓鼠的要效率高，这一差别归因于在人类和仓鼠的转铁蛋白受体 1 的胞浆部分的单个的氨基酸的突变。在人类转铁蛋白受体 1 的 20 位氨基酸是酪氨酸，而在仓鼠的转铁蛋白受体是半胱氨酸，由半胱氨酸代替酪氨酸导致内吞作用的降低，这是导致人类和仓鼠的内吞作用的不同之处。进一步的功能特性证实转铁蛋白受体 1 的胞浆部分的 61 个氨基酸，对于受体的内吞作用是起关键作用的。

目前已经证实，磷酸化和去磷酸化是转铁蛋白受体 1 进行内吞作用的信号。实际上，转铁蛋白受体 1 在丝氨酸 24 位能够经历磷酸化。24 位丝氨酸残基被丙氨酸取代后，不能影响受体的分布，突变后的转铁蛋白受体 1 的内吞作用也不受影响，这些结果均显示 24 位丝氨酸的磷酸化不会影响转铁蛋白受体 1 的循环动力学。然而，在被蛋白磷酸酶抑制剂处理的细胞中，转铁蛋白与受体的结合能够被抑制 85％ 以上。蛋白磷酸酶抑制剂同时影响转铁蛋白从细胞表面进入细胞内部。因为转铁蛋白受体 1 除了 24 位丝氨酸外，在它的细胞质部位包含有其他潜在的磷酸化位点，转铁蛋白受体 1 的其他位点的磷酸化同样可以干预转铁蛋白受体 1 的功能。

实际上，研究发现转铁蛋白受体 1 的磷酸化干预转铁蛋白受体与转铁蛋白的结合，转铁蛋白受体的内化以及转铁蛋白的再循环。因此，转铁蛋白受体 1 的磷酸化有必要进行进一步的研究。

人类转铁蛋白受体 1 的晶体研究显示其是紧密连接的二聚体。每个转铁蛋白受体 1 的单体含有 3 个明显的球状结构域，名为蝴蝶样形状。其中，表面的与螺旋的区域形成裂缝，能够和转铁蛋白结合，其中一分子转铁蛋白受体 1 能够结合两分子的转铁蛋白。转铁蛋白受体 1 的胞外区域从膜上通过茎状结构分离，这个结构可能包括二硫键的形成和 O 连接的糖基化位点。

总之，小肠黏膜吸收铁的机制是较为复杂的。肠腔面转运铁进入细胞的主要有 DMT1 和 Paraferrin 等受体，铁进入细胞后一部分被 Ferroportin1 等转运蛋白运出细胞，另一部分会根据机体需要储存在铁蛋白中，在肠上皮细胞的基底面还存在转铁蛋白受体 1，它可以通过与转铁蛋白的结合来完成对铁的转运（图 3 - 1）。

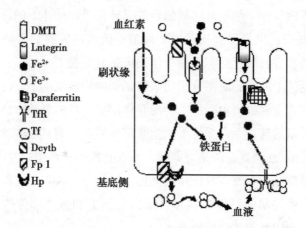

图 3 - 1　小肠黏膜细胞铁吸收机制（李月英 等，2005）

第四章　豆科类种子铁蛋白的分离纯化及表征

铁蛋白是一类铁储存蛋白，广泛存在于动物、植物和细菌中。铁蛋白是由 24 个亚基组成的，成 4 – 3 – 2 重轴对称的球状分子。大约 4 500 个铁原子以矿化盐的形式储存在铁蛋白的空腔中。铁蛋白每个亚基都含有 A、B、C、D 4 个螺旋簇和一个短的螺旋 E，而植物铁蛋白相较于动物铁蛋白还含有 EP 肽段。在脊椎动物中，铁蛋白分子通常包含 H 和 L 链两种亚基，这两个亚基具有 55% 的序列同源性，而植物铁蛋白只含有 H 亚基。从功能上讲，H 亚基包含 1 个二价铁氧化中心，由 Glu27、Tyr34、Glu62、His65、Glu107 和 Gln141 6 个非常保守的氨基酸组成，负责 Fe（II）的氧化。L 亚基缺乏这个中心，但是，它含有 1 个成核中心，由 Glu53、Glu56 和 Glu57 组成，可能参与缓慢的铁的氧化以及与铁核的形成有关。

与动物铁蛋白相比，现已发现植物铁蛋白具有以下 2 个不同之处。第一，植物铁蛋白含有 EP 肽段，而动物铁蛋白不具有。第二，植物铁蛋白只含有 H 亚基，通常含有两种亚基，即 H – 1 和 H – 2。这些不同之处赋予植物铁蛋白新的特征。实际上，最新的研究显示，EP 在调节铁蛋白铁储存和释放中起着重要的作用，而 H – 1 和 H – 2 在大豆铁蛋白铁氧化沉淀中起着协同的作用。

植物铁蛋白广泛存在于豆类植物中，对于治疗缺铁性贫血，它是一种新型的饮食来源的铁补充剂。植物铁蛋白通常含有 H – 1 和 H – 2 亚基，近来的研究显示，已知的植物铁蛋白，例如，大豆铁蛋白和豌豆铁蛋白是极不稳定的，很容易被降解，究其原因可能是由于其 H – 1 与 H – 2 的比例很高，通常其范围从 1：2 到 1：1 之间。因此，发现一种新的含有很低量的 H – 1 亚基的铁蛋白是很有必要的。

第一节　蛋白质分离纯化技术概述

每种类型的细胞都含有多种不同的蛋白质，而蛋白质在组织或细胞中一般都是以复杂的混合物形式存在的。蛋白质的分离和提纯工作是一项艰巨而繁重的任务，到目前为止，还没有 1 个单独的或一套现成的方法能把任何 1 种蛋白质从复杂的混合物中提取出来，但对任何 1 种蛋白质都有可能选择一套适当的分离提纯程序来获取高纯度的制品。蛋白质提纯的总目标是设法增加制品纯度或比活性，对纯化的要求是以合理的效率、速度、收率和纯度，将需要的蛋白质从细胞的其他成分特别是杂蛋白中分离出来，同时仍保留有这种多肽的生物学活性和化学完整性。

一、蛋白质特性与分离纯化技术的选择

由于不同的蛋白质在其许多物理、化学及生物学性质方面有着极大的不同之处，故而可以从成千上万种蛋白质混合物中纯化出一种蛋白质。这些性质主要包括蛋白质所含氨基酸的序列和数目不同，或连接在多肽主链上氨基酸残基可是带正电荷的、带负电荷的、极性的或非极性的、亲水的或疏水的，此外，多肽还可折叠成非常确定的二级结构（α 螺旋、β 折叠和各种转角）、三级结构和四级结构，形成独特的大小、形状和残基在蛋白质表面的分布状况，利用待分离的蛋白质与其他蛋白质之间在性质上的差异，即能设计出一组合理的分级分离步骤。可依据蛋白质不同性质用与之相对应的方法将蛋白质混合物分离。

（一）分子大小

不同种类的蛋白质在分子大小方面有一定的差别，可用一些简便的方法，使蛋白质混合物得到初步分离。

1. 透析和超滤

透析在纯化中极为常用，可除去盐类（脱盐及置换缓冲液）、有机溶剂、低分子量的抑制剂等。在纯化中常用的是透析膜，可除去盐类、有机溶剂、低分子量的抑制剂等。超滤一般用于浓缩和脱色。

2. 离心分离置换缓冲液

许多酶富集于某一细胞器内，匀浆后离心可以得到某一亚细胞成分，使酶富集 10 ~ 20 倍，再对特定的酶进行纯化。差速离心，分辨率较低，仅适用于粗提或浓缩。速率区带离心法，如离心时间太长所有的物质都会沉淀下来，故需选择最佳分离时间，可得到相当纯的亚细胞成分用于进一步纯化，避免了差速离心中大小组分一起沉淀的问题，但容量较小，只能用于少量制备。等密度梯度离心常用的离心介质有蔗糖、聚蔗糖、氯化铯、溴化钾和碘化钠等。

3. 凝胶过滤

这是根据分子大小分离蛋白质混合物最有效的方法之一，只需注意使要分离的蛋白质分子量落在凝胶的工作范围内。选择不同的分子量凝胶可用于脱盐、置换缓冲液及利用分子量的差异除去杂蛋白。

（二）形状

蛋白质在离心或通过膜、凝胶过滤填料颗粒、电泳凝胶中的小孔运动时，都会受到形状的影响：对两种相同质量的蛋白质而言，球状蛋白质具有较小的有效半径（斯托克半径），通过溶液沉降时遇到的摩擦力小，沉降较快；反之，在体积排阻色谱时，斯托克半径较小的球状蛋白质更容易扩散进入凝胶过滤填料颗粒内部，较迟洗脱出来，因而显得比其他形状的蛋白质要小。

（三）溶解度

利用蛋白质的溶解度的差别来分离蛋白质也是蛋白质纯化过程中常用的方法之一。影响蛋白质溶解度的外界因素很多，其中主要有：溶液的 pH 值、离子强度、介电常数和温度，但在同一的特定外界条件下，不同的蛋白质具有不同的溶解度。适当改变外界条件，即可控制蛋白质混合物中某一成分的溶解度。

1. pH 值控制和等电点沉淀

蛋白质在其等电点一般较不易溶解。

2. 蛋白质的盐溶和盐析

在蛋白质水溶液中，加入少量的中性盐，如硫酸铵、硫酸钠、氯化钠等，会增加蛋白质分子表面的电荷，增强蛋白质分子与水分子的作用，从而使蛋白质在水溶液中的溶解度增大。这种现象称为盐溶。向蛋白质溶液中加入高浓度的中性盐，破坏了蛋白质在水中存在的两个因素（水化层和电荷），从而破坏了蛋白质的胶体性质，使蛋白质的溶解度降低而从溶液中析出的现象，叫做盐析。

3. 有机溶剂分级法

蛋白质在不同的溶剂中的溶解度有很大不同，影响蛋白质溶解度的可变因素包括温度、pH 值、溶剂的极性、离子性质和离子强度，控制有机溶剂的浓度可分离蛋白质。水溶性非离子聚合物如聚乙二醇也能引起蛋白质的沉淀。

（四）温度

不同的蛋白质在不同的温度下具有不同的溶解度和活性。大多数蛋白质在低温下比较稳定，故分离操作一般在0℃或更低温度下进行。

（五）电荷

蛋白质净电荷取决于氨基酸残基所带的正负电荷的总和。

1. 电泳

电泳不仅是分离蛋白质混合物和鉴定蛋白质纯度的重要手段，而且也是研究蛋白质性质很有用的方法。等电聚焦分辨率很高，2D – PAGE 分离蛋白质分辨率已经发展到 100 000 个蛋白点。

2. 离子交换层析

改变蛋白质混合物溶液中的盐离子强度、pH 值和（阴、阳）离子交换填料，不同蛋白质对不同的离子交换填料的吸附容量不同，蛋白质因吸附容量不同或不被吸附而分离。

洗脱可保持洗脱剂成分一直不变，也可改变洗脱剂的盐度或 pH 值的方法洗脱，后一种可分分段洗脱和梯度洗脱。梯度洗脱一般效果好，分辨率高，特别是使用交换容量小，对盐浓度敏感的离子交换剂，多用梯度洗脱。控制洗脱剂的体积（与柱床体体积相比）、盐浓度和 pH 值，样品组分能从离子交换柱上分别洗脱下来。蛋白分子暴露在外表面的侧链基团的种类和数量不同，故在一定的 pH 值和离子强度的缓冲液的所带的电荷是不同的。

3. 电荷分布

氨基酸残基可均匀地分布于蛋白质的表面，既可以适当的强度与阳离子交换柱结合，也能以适当强度与阴离子结合，因多数蛋白质都不能在单一的溶剂条件下同时与两种类型的离子交换柱结合，故可用此性质纯化。

（六）疏水性

多数疏水性的氨基酸残基藏在蛋白质的内部，但也有一些在表面。蛋白质表面的疏水性氨基酸残基的数目和空间分布决定了该蛋白质是否可与疏水柱填料结合，从而利用它来进行分离。因其廉价和纯化后的蛋白质具有生物活性，是一种通用性的分离和纯化蛋白质的工具。高浓度盐水溶液中蛋白质在柱上保留，在低盐或水溶液中蛋白质从柱上被洗脱，故特别适用于浓硫酸铵溶液沉淀分离后的母液以及该沉淀用盐溶解后的含有目标蛋白的溶液直接进样到柱上，在分离的同时也进行了复性。

（七）密度

多数蛋白质的密度在 $1.3 \sim 1.4 \ g/cm^3$，分级分离蛋白质时一般不常用此性质，不过对含有大量磷酸盐或脂质的蛋白质与一般蛋白质在密度上明显不同，可用密度梯度法离心，进而与大部分蛋白质分离。

（八）基因工程构建的纯化标记

通过改变 cDNA，在被表达的蛋白的氨基端或羧基端加入少许几个额外氨基酸，这个加入的标记可用来作为一个有效的纯化依据。

（九）亲和能力

将具有特殊结构的亲和分子制成固相吸附剂放置在层析柱中，当要被分离的蛋白混合液通过层析柱时，与吸附剂具有亲和能力的蛋白质就会被吸附而滞留在层析柱中。那些没有亲和力的蛋白质由于不被吸附，直接流出，从而与被分离的蛋白质分开，然后选用适当的洗脱液，改变结合条件将被结合的蛋白质洗脱下来，这种分离纯化蛋白质的方法称为亲和层析。层析是利用共价连接有特异配体的层析介质分离蛋白质混合物中能特异结合配体的目的蛋白或其他分子的技术。配体可以是酶的底物、抑制剂、辅因子和特异性的抗体，吸附后可用改变缓冲液的离子强度和 pH 值的方法，将其洗脱下来，也可用更高浓度的同一配体溶液或亲和力更强的配体溶液洗脱。依亲和选择性的高低分为：基团性亲和层析，固定相上的配体对一类基团有极强的亲和力；高选择性（专一性）亲和层析，配体仅对某一种蛋白质有特别强的亲和性。亲和层析除特异性的吸附外，仍然会因分子的错误认别和分子间非选择性的作用力而吸附一些杂蛋白质，另外，洗脱过程中的配体不可避免的脱落进入分离体系。与超滤结合起来，将两者优点集中形成超滤亲和纯化，使其具有高分离效率和可大规模工业化分离的优点，适用于初分离。按配体的不同可分为以下 5 部分。

1. 金属螯合介质

过渡金属离子 Cu^{2+}、Zn^{2+} 和 Ni^{2+} 等以亚胺络合物的形式键合到固定相上，由于这些金属离子与色氨酸、组氨酸和半胱氨酸之间形成了配价键，从而形成了亚胺金属——蛋白螯合物，使含有这些氨基酸的蛋白被这种金属螯合亲和色谱的固定相吸附。螯合物的稳定性受单个组氨酸和半胱氨酸解离常数所控制，亦受流动相的 pH 值和温度的影响，控制条件即可使不同蛋白质相互分离。

2. 小配体亲和介质

配体有精氨酸、明胶、肝素和赖氨酸等。

3. 抗体亲和介质

即免疫亲和层析，配体有重组蛋白 A 和重组蛋白 G，但蛋白 A 比蛋白 G 专一，蛋白 G 能结合更多不同源的 IgG。

4. 染料亲和介质

染料层析的效果除主要取决于染料配基与酶的亲和力大小外，还与洗脱缓冲液的种类、离子强度、pH 值及待分离的样品的纯度有关。

5. 外源凝集素亲和介质

配体有刀豆球蛋白、扁豆外源凝集素和麦芽外源凝集素，固相外源凝集素能和数种糖类残基发生可逆反应，适合纯化多糖和糖蛋白。

（十）非极性基团之间作用力

利用溶质分子中的非极性基团与非极性固定相之间的相互作用力与溶质分子极性基团和流动相中极性分子在相反方向上相互作用力的差异进行分离。

（十一）可逆性缔合

在某些溶液条件下，有一些酶能聚合成二聚体、四聚体等，而在另一种条件下则形成单体，如相继在这两种不同的条件下操作就可以按分子大小进行分级分离。

（十二）稳定性

1. 热稳定性

大多数蛋白质加热到 95℃ 时会解折叠或沉淀。利用这一性质，可容易地将一种经这样加热后仍保持其可溶性活性的蛋白质从大部分其他细胞蛋白质中分离开。

2. 蛋白酶解稳定性

用蛋白酶处理上清液，消化杂蛋白，留下抗蛋白酶解的抗性蛋白质。

（十三）分配系数

即利用双水相萃取分离，常用的生物物质分离体系有：聚乙二醇（PEG）/葡聚糖、PEG/磷酸盐、PEG/硫酸铵等。分配行为受聚合物分子大小、成相浓度、pH 值和无机盐种类等因素影响。

（十四）表面活性

1. 泡沫分离

蛋白质溶液具有表面活性，气体在溶液中鼓泡，气泡与液相主体分离、富集，达到分离和浓缩的目的。

2. 反胶团相转移法

反胶团相转移法利用表面活性剂分子在有机溶剂中自发形成的反向胶团（反

胶团），在一定条件下将水溶性蛋白质分子增溶进反胶团的极性核（水池）中，再创造条件将蛋白质抽提至另一水相，实现蛋白质的相转移，达到分离和提纯蛋白质的目的。反胶团中的蛋白质分子受到周围水分子和表面活性剂极性头的保护，仍保持一定的活性，甚至表现出超活性。

3. 聚合物—盐—水液—固萃取体系

此萃取体系特点是成相容易，成相后直接倾出液相即可使液固的相分离，勿需特殊技术处理，不用有机溶剂，无毒性，成相聚合物及盐对生物活性物质有稳定和保护作用。

二、蛋白质分离纯化的一般程序

（一）材料的预处理及细胞破碎

分离提纯某一种蛋白质时，首先要把蛋白质从组织或细胞中释放出来并保持原来的天然状态，不丧失活性。所以，要采用适当的方法将组织和细胞破碎。常用的破碎组织细胞的方法有以下 5 种。

1. 机械破碎法

这种方法是利用机械力的剪切作用，使细胞破碎。常用设备有高速组织捣碎机、匀浆器、研钵等。

2. 渗透破碎法

这种方法是在低渗条件下使细胞溶胀而破碎。

3. 反复冻融法

生物组织经冻结后，细胞内液结冰膨胀而使细胞胀破。这种方法简单方便，但要注意那些对温度变化敏感的蛋白质不宜采用此法。

4. 超声波法

使用超声波震荡器使细胞膜上所受张力不均而使细胞破碎。

5. 酶法

如用溶菌酶破坏微生物细胞等。

（二）蛋白质的抽提

通常选择适当的缓冲液溶剂把蛋白质提取出来。抽提所用缓冲液的 pH 值、离子强度、组成成分等条件的选择应根据欲制备的蛋白质的性质而定。如膜蛋白的抽提，抽提缓冲液中一般要加入表面活性剂（十二烷基磺酸钠、TritonX-100等），使膜结构破坏，利于蛋白质与膜分离。在抽提过程中，应注意温度，避免剧烈搅拌等，以防止蛋白质的变性。

（三）蛋白质粗制品的获得

选用适当的方法将所要的蛋白质与其他杂蛋白分离开来。比较有效的方法是根据蛋白质溶解度的差异进行的分离。常用的有下列几种方法。

1. 等电点沉淀法

不同蛋白质的等电点不同，可用等电点沉淀法使它们相互分离。

2. 盐析法

不同蛋白质盐析所需要的盐饱和度不同，所以可通过调节盐浓度将目的蛋白沉淀析出。被盐析沉淀下来的蛋白质仍保持其天然性质，并能再度溶解而不变性。

3. 有机溶剂沉淀法

中性有机溶剂如乙醇、丙酮，它们的介电常数比水低。能使大多数球状蛋白质在水溶液中的溶解度降低，进而从溶液中沉淀出来，因此，可用来沉淀蛋白质。此外，有机溶剂会破坏蛋白质表面的水化层，促使蛋白质分子变得不稳定而析出。由于有机溶剂会使蛋白质变性，使用该法时，要注意在低温下操作，选择合适的有机溶剂浓度。

（四）样品的进一步分离纯化

用等电点沉淀法、盐析法所得到的蛋白质一般含有其他蛋白质杂质，须进一步分离提纯才能得到有一定纯度的样品。常用的纯化方法有：凝胶过滤层析、离子交换纤维素层析、亲和层析等。有时还需要这几种方法联合使用才能得到较高纯度的蛋白质样品。

第二节　大豆、豌豆、蚕豆种子铁蛋白分离纯化及表征

豆科类作物由于其经济和营养特性在世界上大多数国家中都有种植与消费。作为一种健康的食物，其能够提供丰富的蛋白质，还含有许多微量营养素，而且已经报道有多种生理学活性。

一、豆科类种子铁蛋白分离纯化步骤

（一）蚕豆铁蛋白（BBSF）的分离纯化

把1kg干蚕豆放入4℃蒸馏水中浸泡过夜，去皮，加入3倍体积的提取液

（50mmol/L Tris－HCl，pH 值为 8.5，1% PVP），用内切式匀浆机匀浆 2min，200 目滤网过滤。收集滤液 16 500g 离心 10min，取上清液。向上清液中加入终浓度为 5% 的硫酸铵晶体后静置过夜，4℃　23 800g 离心 30min。接着加入终浓度为 10% 的硫酸铵，静置过夜，4℃　23 800g 离心 30min，收集沉淀。

由于蚕豆铁蛋白基本不复溶于上清液，加入 1.5 倍体积上清液冲洗沉淀中的淀粉和核糖体，并 12 000g 离心 5min，弃上清液，重复 2 次直至只有褐色沉淀。将沉淀溶于 5 倍体积蒸馏水中，12 000g 离心 5min，收集上清液。重复两次用蒸馏水溶解沉淀，12 000g 离心 5min，收集且合并上清液。将上清液放在平衡缓冲液（50mmol/L Tris－HCl，pH 值为 8.5）中透析过夜。

用平衡缓冲液平衡 DEAE Sepharose Fast Flow 阴离子交换柱后，将经透析的样品上柱，先用 20 倍体积的平衡缓冲液冲洗去除部分杂蛋白，再用平衡缓冲液和平衡缓冲液含 0.8mol/L NaCl 的溶液进行线性梯度洗脱，洗脱液流速为 0.6ml/min，3ml/管分管收集，将含有铁蛋白的收集液使用 100kDa 的超滤膜进行超滤浓缩到 5ml，并用含 0.15mol/L NaCl 的 KH_2PO_4－Na_2HPO_4（pH 值为 8.0）缓冲液作为溶剂，以待进一步纯化。

用含 0.15mol/L NaCl 的 50mmol/L Tris－HCl（pH 值为 8.5）缓冲液先平衡 Sephacryl S－300（聚丙烯酰胺葡聚糖凝胶）柱，待柱子平衡后上样品，洗脱液流速为 0.4ml/min，3ml/管分管收集样品，并检测铁蛋白纯度和浓度。

蛋白质纯化过程中除特殊指出，其他步骤均在 4℃ 以下低温操作。蛋白质纯化使用的缓冲液中都含有 0.02% 的叠氮化钠。

（二）豌豆铁蛋白（PSF）的分离纯化

把 1kg 干豌豆放入 4℃ 蒸馏水中浸泡过夜，加入 2 倍体积的提取液（50mmol/L Tris－HCl，pH 值为 7.0，1% PVP），用内切式匀浆机匀浆 2min，200 目滤网过滤。收集滤液在 60℃ 下加热 10min，5 000g 离心 5min，取上清液。向上清液中加入终浓度为 0.2mol/L 氯化镁晶体后静置 1~2h，再加入终浓度为 0.3mol/L 柠檬酸三钠晶体并静置过夜。再经过 12 000g 离心 30min 后，收集沉淀。

由于豌豆铁蛋白基本不复溶于上清液，加入 1.5 倍体积上清液冲洗沉淀中的淀粉和核糖体，并 12 000g 离心 5min，弃上清液，重复 2 次直至只有褐色沉淀。将沉淀溶于 5 倍体积蒸馏水中，1 2 000g 离心 5min，收集上清液。重复两次用蒸馏水溶解沉淀，12 000g 离心 5min，收集且合并上清液。将上清液放在平衡缓冲液（50mmol/L Tris－HCl，pH 值为 8.0）中透析过夜。

用平衡缓冲液平衡 DEAE Sepharose Fast Flow 阴离子交换柱后，将经透析的样品上柱，先用 20 倍体积的平衡缓冲液冲洗去除部分杂蛋白，再用平衡缓冲液和平衡缓冲液含 0.8mol/L NaCl 的溶液进行线性梯度洗脱，流速为 0.6ml/min，3ml/管分管收集，将含有铁蛋白的收集液使用 100kDa 的超滤膜进行超滤浓缩到 5ml，并用含 0.15mol/L NaCl 的 50mmol/L Tris – HCl（pH 值为 8.0）缓冲液作为溶剂，以待进一步纯化。

用含 0.15mol/L NaCl 的 50mmol/L Tris – HCl（pH 值为 8.0）缓冲液先平衡 Sephacryl S – 300（聚丙烯酰胺葡聚糖凝胶）柱，待柱子平衡后上样品，洗脱液流速为 0.4ml/min，3ml/管分管收集样品，并检测铁蛋白纯度和浓度。

蛋白质纯化过程中除特殊指出，其他步骤均在 4℃ 以下低温操作。蛋白质纯化使用的缓冲液中都含有 0.02% 的叠氮化钠。

（三）大豆铁蛋白（SSF）的分离纯化

把 1kg 干大豆放入 4℃ 蒸馏水中浸泡过夜，加入 2 倍体积的提取液（50mmol/L KH_2PO_4 – Na_2HPO_4，pH 值为 7.0，1% PVP），用内切式匀浆机匀浆 2min，200 目滤网过滤。收集滤液在 60℃ 下加热 10min，5 000g 离心 5min，取上清液。向上清液中加入终浓度为 0.5mol/L 氯化镁晶体后静置 30min，再加入终浓度为 0.7mol/L 柠檬酸三钠晶体并静置过夜。当经过 12 000g 离心 20min 后，收集沉淀。

由于大豆铁蛋白基本不复溶于上清液，加入 1.5 倍体积上清液冲洗沉淀中的淀粉和核糖体，并 12 000g 离心 5min，弃上清液，重复 2 次直至只有褐色沉淀。将沉淀溶于 5 倍体积蒸馏水中，12 000g 离心 5min，收集上清液。重复两次用蒸馏水溶解沉淀，12 000g 离心 5min，收集且合并上清液。将上清液放在平衡缓冲液（50mmol/L KH_2PO_4 – Na_2HPO_4，pH 值为 8.0）中透析过夜。

用平衡缓冲液平衡 DEAE Sepharose Fast Flow 阴离子交换柱后，将经透析的样品上柱，先用 20 倍体积的平衡缓冲液冲洗去除部分杂蛋白，再用平衡缓冲液和平衡缓冲液含 0.8mol/L NaCl 的溶液进行线性梯度洗脱，洗脱液流速为 0.6ml/min，3ml/管分管收集，将含有铁蛋白的收集液使用 100kDa 的超滤膜进行超滤浓缩到 5ml，并用含 0.15mol/L NaCl 的 KH_2PO_4 – Na_2HPO_4（pH 值为 8.0）缓冲液作为溶剂，以待进一步纯化。

用含 0.15mol/L NaCl 的 50mmol/L KH_2PO_4 – Na_2HPO_4（pH 值为 8.0）缓冲液先平衡 Sephacryl S – 300（聚丙烯酰胺葡聚糖凝胶）柱，待柱子平衡后上样品，洗脱液流速为 0.4ml/min，3ml/管分管收集样品，并检测铁蛋白纯度和浓度。

蛋白质纯化过程中除特殊指出，其他步骤均在4℃以下低温操作。蛋白质纯化使用的缓冲液中都含有0.02%的叠氮化钠。

（四）重组大豆铁蛋白的制备和纯化

重组的大豆铁蛋白H-1（rH-1）的制备根据Masuda（2001）的方法进行。而构建重组大豆铁蛋白H-2（rH-2）的原核表达载体，获得rH-2纯化蛋白的方法如下：采用基因重组技术将PCR扩增的H-2基因产物与原核表达载体pET21d连接，转化入大肠杆菌BL21（DE3），通过PCR、单双酶切及测序鉴定构建结果，用100μmol/L异丙基-β-D-硫代半乳糖苷（isopropyl-D-1-thiogalactopyranoside，IPTG）诱导蛋白表达，直到细菌细胞浓度达到A_{600}为0.6时，再将融合蛋白进行分离纯化。rH-1和rH-2两种重组蛋白的分离纯化方法同野生型大豆铁蛋白的分离纯化方法。

二、豆科类种子铁蛋白的聚丙烯酰胺凝胶电泳

（一）聚丙烯酰胺凝胶电泳简介

聚丙烯酰胺凝胶由单体丙烯酰胺和甲叉双丙烯酰胺聚合而成，聚合过程由自由基催化完成。催化聚合的常用方法有两种：化学聚合法和光聚合法。化学聚合以过硫酸铵（AP）为催化剂，以四甲基乙二胺（TEMED）为加速剂。在聚合过程中，TEMED催化过硫酸铵产生自由基，后者引发丙烯酰胺单体聚合，同时甲叉双丙烯酰胺与丙烯酰胺链间产生甲叉键交联，从而形成三维网状结构。聚丙烯酰胺凝胶电泳是网状结构，具有分子筛效应，可用于分离蛋白质和寡糖核苷酸。

一般有两种形式：①非变性聚丙烯酰胺凝胶（Native-PAGE），在电泳的过程中，蛋白质能够保持完整状态，并依据蛋白质的分子量大小、蛋白质的形状及其所附带的电荷量而逐渐呈梯度分开。②变性聚丙烯酰胺凝胶（SDS-PAGE），仅根据蛋白质亚基分子量的不同就可以分开蛋白质。SDS是阴离子去污剂，作为变性剂和助溶试剂，它能断裂分子内和分子间的氢键，使分子去折叠，破坏蛋白分子的二、三级结构。而强还原剂如巯基乙醇，二硫苏糖醇能使半胱氨酸残基间的二硫键断裂。在样品和凝胶中加入还原剂和SDS后，分子被解聚成多肽链，解聚后的氨基酸侧链和SDS结合成蛋白-SDS胶束，所带的负电荷大大超过了蛋白原有的电荷量，这样就消除了不同分子间的电荷差异和结构差异。

SDS-PAGE一般采用的是不连续缓冲系统，与连续缓冲系统相比，能够有较高的分辨率。浓缩胶的作用有堆积作用，凝胶浓度较小，孔径较大，把较稀的样

品加在浓缩胶上，经过大孔径凝胶的迁移作用而被浓缩至一个狭窄的区带。当样品液和浓缩胶选 TRIS/HCl 缓冲液，电极液选 TRIS/甘氨酸。电泳开始后，HCl 解离出氯离子，甘氨酸解离出少量的甘氨酸根离子。蛋白质带负电荷，因此，一起向正极移动，其中氯离子最快，甘氨酸根离子最慢，蛋白居中。电泳开始时氯离子泳动率最大，超过蛋白，因此，在后面形成低电导区，而电场强度与低电导区成反比，因而产生较高的电场强度，使蛋白和甘氨酸根离子迅速移动，形成稳定的界面，使蛋白聚集在移动界面附近，浓缩成一中间层。

此鉴定方法中，蛋白质的迁移率主要取决于它的相对分子质量，而与所带电荷和分子形状无关。

SDS-PAGE 经常应用于提纯过程中纯度的检测，纯化的蛋白质通常在 SDS 电泳上应只有一条带，但如果蛋白质是由不同的亚基组成的，它在电泳中可能会形成分别对应于各个亚基的几条带。SDS-PAGE 具有较高的灵敏度，一般只需要不到微克量级的蛋白质，而且通过电泳还可以同时得到关于分子量的情况，这些信息对于了解未知蛋白及设计提纯过程都是非常重要的。

（二）聚丙烯酰胺凝胶电泳步骤

1. SDS-PAGE

（1）试剂

30% 丙烯酰胺单体储液、10% 过硫酸铵、TEMED、1.5mol/L Tris－HCl（pH 值为 8.8）、1.0mol/L Tris－HCl（pH 值为 6.8）、10% SDS、10×Tris－甘氨酸系统的电泳缓冲液、2×loading buffer、水饱和正丁醇。

（2）器材

灌胶支架、玻璃板、梳子、电源、加热器、电泳槽和扫描仪。

（3）实验操作程序

①安装灌胶模具。

②按照配方配置一定量（7cm 模具配置 1mm 厚的胶配置 5ml）的分离胶溶液和浓缩胶溶液（2ml），过硫酸铵和 TEMED 在用前加入。

③分离胶溶液充分混匀后从一侧加入灌胶模具，上方留 1.5~2cm 用于加浓缩胶，小心的在分离胶的表面加一层水饱和正丁醇（或水饱和的异丙醇、水），封住胶面，以促使聚合并保持胶面平整。

④室温放置 40min 到 1h 后，可以看到一个界面，去掉上层覆盖液，用浓缩胶缓冲液淋洗胶面，然后灌制浓缩胶，并插入与模具大小相同，凝胶厚度相当的

梳子。

⑤静止放置 40～60min 使凝胶聚合，电泳液清洗样品孔。

⑥制备好的蛋白质样品用 2 ×loading buffer 1∶1 混合，与分子量 marker 一起 100℃煮 3～5min，12 000rpm 离心 5～10min（7cm 模具、1mm 厚度、10 孔、考马斯亮蓝染色液上样量 30μg）。

⑦加入下槽液，把夹有凝胶的玻板转移到电泳槽，加入上槽液，上样。

⑧连接电源，5～10mA/胶开始电泳，待溴酚蓝前沿到达分离胶后加大电流到 10～15mA/胶。

⑨溴酚蓝前沿到达玻璃板底部时停止电泳，取出凝胶，做好标记，准备染色。

⑩染色、扫描。

2. Native-PAGE 实验方法

非变性聚丙烯酰胺凝胶电泳和变性聚丙烯酰胺凝胶电泳在操作上基本上是相同的，只是非变性聚丙烯酰胺凝胶的配制和电泳缓冲液中不能含有变性剂如 SDS 等。一般蛋白进行非变性凝胶电泳要先分清是碱性还是酸性蛋白。分离碱性蛋白时候，要利用低 pH 凝胶系统，分离酸性蛋白时候，要利用高 pH 值凝胶系统。酸性蛋白通常在非变性凝胶电泳中采用 pH 值是 8.8 的缓冲系统，蛋白会带负电荷，蛋白会向阳极移动；而碱性蛋白的电泳通常是在微酸性环境下进行，蛋白带正电荷，这时候需要将阴极和阳极倒置才可以电泳。

（1）分离酸性蛋白

工作液配制：

① 40% 胶贮液（Acr∶Bis = 29∶1）。

② 4 ×分离胶 Buf（1.5mol/L Tris－HCl，pH 值为 8.8）：18.2 g Trisbase 溶于 80ml 水，用浓 HCl 调 pH 值为 8.8，加水定容到 100ml，4℃贮存。

③ 4 ×堆积胶 Buf（0.5mol/L Tris－HCl，pH 值为 6.8）：6 g Trisbase 溶于 80ml 水，用浓 HCl 调 pH 值为 6.8，加水定容到 100ml，4℃贮存。

④ 10 ×电泳 Buf（pH 值为 8.8 Tris-Gly）：30.3 g Trisbase，144 g 甘氨酸，加水定容到 1 L，4℃贮存。

⑤ 2 ×溴酚蓝上样 Buf：1.25ml pH 值为 6.8，0.5mol/L Tris-Cl，3.0ml 甘油，0.2ml 0.5% 溴酚蓝，5.5ml dH$_2$O；−20℃贮存。

⑥ 10% APS。

⑦ 0.25%考马斯亮蓝染色液：Coomassie red R－250 2.5g，甲醇450ml，HAc 100ml，dH$_2$O 450ml。

⑧ 考马斯亮蓝脱色液：100ml 甲醇，100ml 冰醋酸，800ml dH$_2$O。

电泳胶的配制及电泳条件（上槽电极为负，下槽电极为正）：

① 碱性非变性胶：17%分离胶（10ml）　　　　4%堆积胶（5ml）。

② 40%胶贮液：（40%T，　3.3%C）　　4.25ml　　　　0.5ml。

③ 4×分离胶 Buf：（1.5mol/L Tris－HCl，pH 值为 8.8）　　　　2.5ml。

④ 4×堆积胶 Buf：（0.5mol/L Tris－HCl，pH 值为 6.8）　　　　1.25ml。

⑤ 水：3.2ml。

⑥ 10%APS：35μl。

⑦ TEMED：15μl。

⑧ 10×电泳 Buf（pH 值为 8.8 Tris-Gly）：100ml 稀释到 1 L。

电泳条件：100V 恒压约 20min，指示剂进入浓缩胶；改换 160V 恒压，当指示剂移动到胶板底部时，停止电泳，整个过程约 80min。

染色和脱色：取出胶板于 0.25%考马斯亮蓝染色液中染色约 30min，倾出染色液，加入考马斯亮蓝脱色液，缓慢摇动，注意更换脱色液，直至胶板干净清晰背景。也可以用银染或者活性染色。

（2）分离碱性蛋白

要用低 pH 凝胶系统，并使用以下缓冲液体系。

① 分离胶：0.06mol/L KOH，0.376mol/L Ac，pH 值为 4.3（7.7% T，2.67% C）。

② 堆积胶：0.06mol/L KOH，0.063mol/L Ac，pH 值为 6.8（3.125% T，25% C）。

③ 电泳缓冲液：0.14mol/L 2－丙氨酸，0.35mol/L Ac，pH 值为 4.5。

将正负电极倒置，用甲基绿（0.002%）作为示踪剂。

实验操作同分离酸性蛋白。

（3）回收

Native-PAGE 结束以后，采用电泳的方法进行回收，方法为：电泳结束以后，切取部分染色，然后根据染色结果切取含有蛋白质的胶带装入处理过的透析袋中，加入适量的缓冲液，最后把透析袋放入普通的核酸电泳槽中，并在电泳槽中加入适量的缓冲液（和透析袋中的缓冲液相同），低温电泳 2～3h 即可。回收蛋白所用的缓冲液一般和电泳所用的缓冲液相同。

（三）豆科类种子铁蛋白电泳结果

使用 Bio-Rad 公司的 Mini-PROTEAN 3 Cell 电泳槽进行 Native-PAGE 和 SDS-PAGE 电泳。参照 Laemmli 方法进行 Native-PAGE 和 SDS-PAGE 电泳（Laemmli，1970）。Native-PAGE 凝胶为 4% ~20% 梯度胶，而 SDS-PAGE 使用浓度为 15% 的凝胶。胶板大小为 80mm（W）× 73mm（H）× 0.75mm（T）。每孔点样 10μl，Marker 5μl，在 20mA 恒流条件下进行电泳，完成后使用考马斯亮蓝 R-250 进行染色。

Native-PAGE 电泳蛋白质 Marker 为，甲状腺球蛋白：669kDa；马脾铁蛋白：440kDa；过氧化氢酶：232kDa；乳酸脱氢酶：140kDa；牛血清清蛋白：66kDa。SDS-PAGE 电泳蛋白质 Marker 为，磷酸化酶 B：97.4kDa；牛血清清蛋白：66.2kDa；兔肌动蛋白：43kDa；牛碳酸酐酶：31kDa；胰酶抑制剂：20.1kDa；溶菌酶：14.4kDa。

1. 野生型豆科类种子铁蛋白的纯化结果

本课题组主要采用氯化镁和柠檬酸三钠盐析、DEAE-Sepharose Fast Flow 阴离子交换层析、Sephacryl S-300 分子筛层析 3 种方法分离纯化豌豆铁蛋白和大豆铁蛋白，并在进行盐析之前把蛋白粗提液在 60℃ 下加热 5min 以除去蛋白酶和其他热敏感蛋白（Laulhere et al.，1989）。其中，蚕豆铁蛋白是采用硫酸铵梯度盐析的方法进行分离提取。经 DEAE-Sepharose Fast Flow 阴离子交换柱洗脱得到的各种豆类铁蛋白采用截留分子量为 100kDa 的超滤膜进行超滤浓缩，上样于 Sephacryl S-300 分子筛柱，收集样品得到目标蛋白。非变性电泳（Native-PAGE）和变性电泳（SDS-PAGE）检测结果表明，本文纯化得到电泳纯的 3 种豆科类铁蛋白，其分子量均约为 560kDa 如图 4-1A 所示，SDS-PAGE 如图 4-1B 所示，3 种铁蛋白亚基分子量分别为 28.0kDa 和 26.5kDa，但 H-2：H-1 比例分别为：大豆的亚基比例为 1：1，豌豆为 2：1，蚕豆为 6：1。豌豆与大豆铁蛋白的电泳结果均与实验室之前的结果相符，因为蚕豆铁蛋白为一种新提取的植物铁蛋白，故需要进一步鉴定与表征。

2. rH-1，rH-2 的分离纯化

利用分子克隆的方法，构建重组大豆铁蛋白 H-1（rH-1）和重组大豆铁蛋白 H-2（rH-2）的原核表达载体，将其转化入大肠杆菌中，并大量诱导铁蛋白表达，从而制备得到重组大豆铁蛋白 H-1（rH-1）和重组大豆铁蛋白 H-2（rH-2），然后采用氯化镁和柠檬酸三钠盐析结合 DEAE-Sepharose Fast Flow 阴离

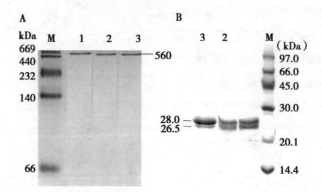

图 4 – 1　野生型豆科类种子铁蛋白的 Native-PAGE（A）和 SDS-PAGE（B）

（1，纯化的大豆铁蛋白；2，纯化的豌豆铁蛋白；3，纯化的蚕豆铁蛋白；M，蛋白质 markers）

子交换层析和 Sephacryl S – 300 分子筛层析方法分离纯化重组大豆铁蛋白，最后得到电泳纯的重组大豆铁蛋白，结果如图 4 – 2 所示。非变性电泳（Native-PAGE）分析结合分子筛层析检测结果表明，重组大豆铁蛋白 H – 1（rH – 1）和重组大豆铁蛋白 H – 2（rH – 2）的分子量约为 560kDa 如图 4 – 2（A）所示；变性电泳（SDS-PAGE）检测结果表明，rH – 1 和 rH – 2 的亚基分子量分别为 26.5kDa 和 28.0kDa 如图 4 – 2（B）所示。

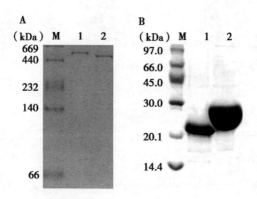

图 4 – 2　重组大豆铁蛋白 rH – 1 及 rH – 2 的 Native-PAGE（A）和 SDS-PAGE（B）

（1，rH – 1；2，rH – 2；M，蛋白质 markers）

三、豆科类种子铁蛋白 Western-blot 分析

（一）Western 印迹法简介

Western 印迹法是利用抗原—抗体的免疫反应，先将蛋白通过 SDS-PAGE 电

泳分离开来，然后再利用电场力的作用将胶上的蛋白转移到固相载体（NC 膜）上，再加抗体形成抗原抗体复合物，利用发光或显色原理将结果显示到膜或底片上。

　　Western blot 通常有两种方法：毛细管印迹法和电泳印迹法。毛细管印迹法是将凝胶放在缓冲液浸湿的滤纸上，在凝胶上放一片 NC 膜，再在上面放一层滤纸等吸水物质并用重物压好，缓冲液就会通过毛细作用流过凝胶。缓冲液通过凝胶时会将蛋白质带到 NC 膜上，NC 膜可以与蛋白质通过疏水作用产生不可逆的结合。但是这种方法转移效率低，通常只能转移凝胶中的一小部分蛋白质（10% ~20%）。而电泳印迹可以更快速有效的进行转移。这种方法是用有孔的塑料和有机玻璃板将凝胶和 NC 膜夹成"三明治"形状，而后浸入两个平行电极中间的缓冲液中进行电泳，选择适当的电泳方向就可以使蛋白质在电场力的作用下离开凝胶结合到 NC 膜上。常用的电泳转移方法有湿转和半干转，两者的原理完全相同，只是用于固定胶/膜叠层和施加电场的机械装置不同。湿转是一种传统方法，将胶/膜叠层浸入缓冲液槽然后加电压。这是一种有效方法但比较慢，需要大体积缓冲液且只能用一种缓冲液。半干转移，用浸透缓冲液的多层滤纸代替缓冲液槽。与湿转相比，这种方法较快（15 ~45min）。转移后的 NC 膜就称为一个印迹（blot），用于对蛋白质的进一步检测。印迹首先用蛋白溶液（如 10% 的 BSA 或脱脂奶粉溶液）处理以封闭 NC 膜上剩余的疏水结合位点，而后用所要研究的蛋白质的抗体（一抗）处理，印迹中只有待研究的蛋白质与一抗特异结合形成抗原抗体复合物，而其他的蛋白质不能与一抗结合，这样清洗除去未结合的一抗后，印迹中只有待研究的蛋白质的位置上结合着一抗。处理过的印迹进一步用适当标记的二抗处理，二抗是指一抗的抗体，如一抗是从鼠中获得的，则二抗就是抗鼠 IgG 的抗体。处理后，带有标记的二抗与一抗结合形成抗体复合物可以指示一抗的位置，即是待研究的蛋白质的位置。

　　目前，有结合各种标记物的抗体，特定 IgG 的抗体（二抗）可以直接购买，最常用的一种是酶连的二抗，印迹用酶连二抗处理后，再用适当的底物溶液处理，当酶催化底物生成有颜色的产物时，就会产生可见的区带，指示所要研究的蛋白质位置。在酶连抗体中使用的酶通常是碱性磷酸酶（AP）或辣根过氧化物酶（HRP）。碱性磷酸酶可以将无色的底物 5 – 溴 – 4 – 氯吲哚磷酸盐（BCIP）转化为蓝色的产物；而辣根过氧化物酶可以将 H_2O_2 为底物，将 3 – 氨基 –9 – 乙基咔唑氧化成褐色产物或将 4 – 氯萘酚氧化成蓝色产物。另一种检测辣根过氧化物酶的方法是用增强化学发光法，辣根过氧化物酶在 H_2O_2 存在下，氧化化学发光物质鲁米诺并发光，通过将印迹放在照相底片上感光就可以检测出辣根过氧化物酶的存在，即目标蛋白质的存在了。除了酶连二抗作为指示剂，也可以使用其他指示剂，比如：荧光素异硫氰酸盐标记的二抗（可通过紫外灯产生荧光）；生物素结合的二抗等。除了使用抗体或蛋白作为检测特定蛋白的探针以外，有时也使用其他探针如放射性标记的 DNA，可以检测印迹中的 DNA 结合蛋白。在 Western blot 实验中，有另一种方法，就是直接标记一抗，再用底物显色。这种方法叫直接法，与用二抗的间接法相比有诸多不足。标记二抗可用于很多种不同特异性的一抗，避免了标记很多一抗的需要，同时因为一抗结合不止一个二抗分子，所以二抗可以增强信号。所以一般情况下都采用间接法进行检测。

（二）Western blot 的操作（间接法）

1. 蛋白质样品（抗原）的制备

（1）细胞的处理方法

向收集到的细胞中加入 RIPA 裂解缓冲液，在冰上裂解 $30 \sim 60 min$，然后再插入冰盒进行超声，超声强度以不产生泡沫为准，超声每次 $2 \sim 3s$，重复 $3 \sim 4$ 次，再离心 12 000rpm $3 \sim 5 min$，吸取上清液备用（注：超声强度不能过大，防止蛋白碳化）。

（2）组织的处理方法

按实验要求将组织从动物体内取出（样品不宜反复冻融），取少量（$1 \sim 2g$）放入玻璃匀浆器中研磨成匀浆，然后转入 EP 管中进行超声，超声强度以不产生泡沫为准，超声每次 $5 \sim 7s$，重复 $5 \sim 6$ 次，再离心 12 000rpm $3 \sim 5 min$，吸取上清液备用。

（3）上述两种方法得来的样品处理液

还要加入 1/4 体积左右的上样 Buffer，然后放在沸水浴中加热 $3 \sim 4 min$ 使蛋白变性，方可作为样品点样。

2. SDS‐聚丙烯酸胺凝胶电泳（SDS-PAGE）

第一，根据要求配制好 SDS‐聚丙烯酸胺凝胶（一般采用 10% 的 SDS-PAGE）。

第二，将已配制好的凝胶装入电泳仪中（注意不要漏液）。

第三，设计加样顺序，做好实验记录，按预定顺序加样。一般裂解液我们按 $10 \sim 20\mu l$/道点样，重组蛋白按 $1 \sim 2\mu g$/道点样。

第四，把电泳装置与电源连接好，将电压调至 100V 电泳 10～20min，待溴酚蓝迁移出积层胶位置再换用 200V，30～40min 后关闭电源。

第五，从电泳装置上卸下凝胶玻璃板，用水冲洗干净，准备转膜。

3. 转膜（湿转）

第一，将凝胶玻璃板置于盛有电泳转移缓冲液的容器中，浸泡几分钟。

第二，带上手套，准备好滤纸和 NC 膜（83mm×75mm），尽量避免污染滤纸和膜，将裁剪好的滤纸和膜浸泡于电泳转移缓冲液中，驱除留在膜上的气泡。

第三，打开转移盒并放置浅盘中，用转移缓冲液将海绵垫完全浸透后将其放在转移盒壁上，海绵上再放置一张浸湿的滤纸。

第四，按"海绵—滤纸—凝胶—NC 膜—滤纸—海绵"的顺序装置好（注意不能有气泡且装置电极槽不能放反）

第五，将冰盒装入缓冲液槽，注满 4℃预冷的转移缓冲液。

第六，将整个装置放在冰浴中用磁力搅拌器搅拌，连接好转移电极恒流 300mA 转移 90min。电转完毕后，将 NC 膜作好记号置于 5% 的脱脂奶粉（PBS 配制）中封闭，37℃2h 或 4℃过夜。

4. 加一抗与抗原结合

第一，将加样槽洗涤干净，将膜用一次性手套覆盖好，按标记和实验设计切下膜条并作好记号，按顺序置于加样槽中加入相应的一抗约 1ml，注意保证膜的所有部分同溶液接触。

第二，室温下于摇床孵育 2 h 或 4℃过夜。

第三，弃去一抗，膜条仍置于加样槽，每个槽中的膜用 PBST 在摇床洗涤 5min 左右，换液，反复 4～5 次。

5. 加二抗与一抗的结合

第一，根据实验需要和设计选择合适的酶标二抗和稀释浓度（PBS 稀释），每个加样槽中加入二抗 1ml 左右，室温下于摇床孵育 1 h，注意保证膜的所有部分同溶液接触。

第二，去二抗，膜条仍置于加样槽，每个槽加 PBST 在摇床洗涤 5min 左右，换液反复 4～5 次。

6. 显色反应（重组蛋白一般用 AP 显色或是 DAB 显色，裂解液一般用发光法）

第一，HRP 标记二抗用 DAB 显色，按顺序依次将 DAB 三种剂各取 3 滴于 5ml 蒸馏水中，避光混匀，将膜加入显色液中避光显色 5～15min 终止反应，对照

Marker 记录实验结果，将 NC 膜晾干扫描保存。

第二，AKP 标记二抗用 AP 显色，在 10ml AKP 缓冲液中加入 66μl NBT 溶液和 33μl BCIP 溶液混匀，室温下将膜放入显色（37℃ 可加速反应）5 ~ 15min。对照 Marker 记录实验结果，将 NC 膜晾干扫描保存。

第三，底物发光法：将两种显色底物 1:1 等体积混合后将其覆盖在膜表面使其均匀，用玻璃胶片把膜包起来，马上在暗室中将 X 光片覆盖在膜的上面（时间根据光的亮度来衡量），显影、定影。（荧光在一段时间后会越来越弱，故要控制好时间）

具体操作：

1. 试剂配方

| 1×TBS： | Tris-base | 12.11g |

NaCl   8.775g

用 HCl 调 pH 为 7.4，用纯水稀释至 1L。

5×Transfer buffer：   Tris-base   15.1g

Glycine   72.0g

To   1L

10×碱性磷酸酶缓冲液：mol/L   Tris – HCl   pH 值为 9.5

1 mol/L   NaCl

50mmol/L $MgCl_2$

TTBS：1×TBS + TWEEN 20（1 000:1）。

碱性磷酸酶显色液：2.5ml 1×碱性磷酸酶缓冲液 + 16.5μl NBT 混匀，再加 8.25μl BCIP 混匀。

辣根过氧化物酶显色液：10ml 0.01 mol/L pH 值为 7.6 Tris – HCl 溶解 6mg DAB，滤纸过滤（－20℃ 保存），显色时加 10μl 30% H_2O_2（即按 1 000:1 加）。

2. 实验操作

一是 SDS-PAGE，胶在电转液 1×Transfer buffer + 20% 甲醇 + 0.01% SDS（800ml/800μl 10% SDS）平衡 10min。

二是处理尼龙膜：100% 甲醇浸泡 5min，再加 4 倍体积的双蒸水，使甲醇终浓度为 20%，浸泡 5min。1×Transfer buffer + 20% 甲醇（无 SDS）浸泡 10min。

三是转膜：按黑（负极）—海绵—滤纸—胶—膜—滤纸—海绵—白夹子（正极），〔在电转液 1×Transfer buffer + 20% 甲醇 + 0.01% SDS（800ml/800μl

10% SDS）中进行］夹好三明治夹，用冰包裹电泳槽，100 V 或 350mA 转 70min。（注意底部靠其下槽，排除气泡，转完后切角作标记）。

四是封闭：电转后膜用 1×TBS 漂洗 1 次，置于 5% 脱脂奶粉中（1×TBS + 1 000∶1 TWEEN 20），封闭过夜，或者 37℃，30~90min。

五是一抗：抗体（抗体稀释比例根据自身实验具体确定），振荡孵育 1h 或 2h（一抗可回收冷冻保存）。

六是 TTBS 洗 3 次，10min/次。

七是二抗：1∶（1 000~5 000）TTBS 稀释（常用 1∶3 000），室温振荡孵育 1h。

八是 TTBS 洗 3 次，10min/次。

九是显色：将膜放在 PARAFILM 膜上，滴加显色液 5rpm（一般显色 1min 即可，注意控制好时间，否则显色背景过深）。

十是纯水终止显色，晾干或滤纸吸干保存。

（三）蚕豆种子铁蛋白 Western-blot 实验

由于蚕豆种子铁蛋白结构目前还未研究，本课题组利用 Western-blot 实验对其进行鉴别。实验利用大豆铁蛋白多克隆抗体作为一抗，辣根过氧化酶标记的山羊抗兔的 IgG 作为二抗。蚕豆铁蛋白通过 SDS-PAGE 后，转移到 0.45 μm 的硝酸纤维素膜上。硝酸纤维素膜用 5% 脱脂奶粉封闭，脱脂奶粉溶于 Tris 缓冲液中（50mmol/L Tris－HCl，pH 值为 7.5，150mmol/L NaCl），缓冲液中含有 0.2% Tween 20 和 0.05% Triton X－100（TBST）。在含有 2% 脱脂奶粉的 TBST 溶液中（与大豆铁蛋白多克隆抗体比例为 5 000∶1）进行一抗的孵育。通过在 4℃ 中封闭过夜，清洗硝酸纤维素膜后，在室温下用山羊抗兔 IgG（1∶10 000溶于含有 2% 奶粉的 TBST 中）孵育 1h。结合的抗体通过 SusperSignal West Pico Trial Kit 的化学发光法进行检测。

Western blot 分析能够特异性的鉴别组织中的活性蛋白，为了进一步鉴定蚕豆铁蛋白的存在，笔者用纯化的大豆铁蛋白制备出了多克隆抗体，并且发现其能够结合纯化的蚕豆铁蛋白，显示了纯化得到的蛋白质属于植物铁蛋白一族如图 4-3 所示。

四、肽质量指纹图谱（PMF）及肽序列分析

（一）MALDI-TOF-MS（基质辅助激光解析电离飞行时间质谱）简介

MALDI-TOF-MS（基质辅助激光解析电离飞行时间质谱，英文名 Matrix-Assisted Laser Desorption/Ionization Time of Flight Mass Spectrometry）是近年来发展起

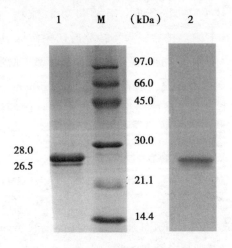

图 4 – 3 蚕豆铁蛋白的 Western – blot 电泳分析

来的一种新型的软电离生物质谱，其无论是在理论上还是在设计上都是十分简单和高效的。仪器主要由两部分组成：基质辅助激光解吸电离离子源（MALDI）和飞行时间质量分析器（TOF）。MALDI 的原理是用激光照射样品与基质形成的共结晶薄膜，基质从激光中吸收能量传递给生物分子，而电离过程中将质子转移到生物分子或从生物分子得到质子，而使生物分子电离的过程。因此，它是一种软电离技术，适用于混合物及生物大分子的测定。TOF 的原理是离子在电场作用下加速飞过飞行管道，根据到达检测器的飞行时间不同而被检测即测定离子的质荷比（M/Z）与离子的飞行时间成正比，检测离子。MALDI-TOF-MS 具有灵敏度高、准确度高及分辨率高等特点，为生命科学等领域提供了一种强有力的分析测试手段，并正扮演着越来越重要的作用。

分子量是有机化合物最基本的理化性质参数。分子量正确与否往往代表着所测定的有机化合物及生物大分子的结构正确与否。MALDI-TOF 是一种软电离技术，不产生或产生较少的碎片离子。它可直接应用于混合物的分析，也可用来检测样品中是否含有杂质及杂质的分子量。分子量也是生物大分子如多肽、蛋白质等鉴定中首要的参数，MALDI-TOF 的准确度高达 0.1% ~ 0.01%，远远高于目前常规应用的 SDS 电泳与高效凝胶色谱技术，目前，可测定生物大分子的分子量高达 600kDa。

我们采用基质辅助激光解析电离飞行时间质谱（MALDI-TOF-MS）对蚕豆铁蛋白亚基的肽质量指纹图谱（PMF）进行鉴定分析，共分成如下 3 个步骤（陈晶等，2002）。

1. 电泳

进行 SDS-PAGE 电泳，采用考马斯亮蓝染色方法，凝胶供胶内酶切使用。具体方法参照本文第二章第二节部分。

2. 胶内酶切

将 SDS-PAGE 凝胶中的蛋白胶带用刀片小心切成 $1mm^2$ 大小的颗粒放入 Eppendorf 管中脱色，用真空离心浓缩仪将其完全干燥，加入非离子去污剂后进行胶内酶切（Katayama et al.，2001）。此过程中必须使用彻底洗去滑石粉的乳胶手套，严格防止主要是角蛋白等的污染（张晓勤等，2004）。具体步骤如下：于 Eppendorf 管中加入 $2\mu l$ 含 $0.05\mu g$ Trypsin、0.1% n-dodecyl β-D-maltoside、25mmol/L 的 NH_4HCO_3 溶液湿润胶粒 10min，再加入 $10\mu l$ 含 0.1% n-dodecyl β-D-maltoside、25mmol/L 的 NH_4HCO_3 溶液，置37℃水浴中孵育 2h 后吸取产物，供质谱分析用（詹显全等，2002）。

3. 生物质谱

采用德国 BRUKER 公司 ReflexTM Ⅲ型基质辅助激光解析电离飞行时间质谱仪进行测定；反射检测方式；飞行管长 3m；氮激光器波长 337nm；加速电压 20kV，反射电压23kV。基质：α–氰基–4–羟基肉桂酸（α–CCA）（Bruker 公司）；溶剂：三氟乙酸（TFA）（Fluka 公司），乙腈（ACN）（Fisher 公司），超纯水。方法：将 α–CCA 溶于含 0.1% TFA 的50% ACN 溶液中，制成饱和溶液，离心，取 $1\mu l$ 上清液与 $1\mu l$ 肽段提取液等体积混合，取 $1\mu l$ 点在靶上，送入离子源中进行检测，这部分工作在国家生物医学分析中心完成。

4. 数据库查询

将质谱结果用 Mascot 软件在相应的数据库中进行肽指纹图谱检索，如表4–1 所示，其首页地址为 http://www.matrixscience.com.

表4－1 蚕豆铁蛋白28.0kDa 和 26.5kDa 条带的 MASCOT 检索参数

检索参数	肽图谱数据
酶	胰蛋白酶
质量数值	单一同位素峰
蛋白质分子量	28.0kDa 和 26.5kDa
肽质量相差范围	$\pm 200 \times 10^{-6}$
酶切位点数	1
序列数	28.0kDa 有 9 个；26.5kDa 有 17 个

（二）蚕豆铁蛋白亚基同源性的分析

蚕豆铁蛋白中含有两种亚基，为了揭示这两种亚基是否来自于同一个前体，笔者将 28.0kDa 和 26.5kDa 的 SDS-PAGE 的凝胶进行了 MALDI-TOF 质谱分析。胰蛋白酶消化的 28.0kDa 的凝胶的 MALDI-TOF-MS 图谱在图 4－4A 中显示。28.0kDa 条带的 PMF 共有 3 个主要的肽质谱峰，m/z 1600、m/z 2865 和 m/z 1238。图 4－4A 同时显示了几个相对较弱的峰，包括 m/z 1078、m/z 1138、m/z 2006、m/z 2102、m/z 2737 和 m/z 2865。同样地，26.5kDa 条带的 PMF 显示在图 4－4B，主要的肽质谱峰是 m/z 1238。依次比较弱的峰是 m/z 1138、m/z 1599、m/z 1653、m/z 1994、m/z 2103、m/z 2737 和 m/z 2865。基于以上的信息，笔者得到的结论是，28.0kDa 的肽指纹图谱与 26.5kDa 的是不同的，显示了这两个亚基不是来源于同一前体。与这一结论相符合的是，大豆铁蛋白同样由 2 种亚基组成，26.5kDa（H－1）和 28.0kDa（H－2），其由 2 种基因 SferH－1 和 SferH－2 编码（Masuda，et al.，2001）。进一步验证此结论的是，豌豆铁蛋白也是由两种不同的亚基组成（Li et al.，2009b）。在过去的实验研究中，来自玉米和豇豆铁蛋白的证据已经证实铁蛋白是由多基因编码的（Lobréaux，et al.，1992；Wicks & Entsch，1993）。豇豆含有至少 4 种不同的铁蛋白基因，其中，一种编码的铁蛋白与大豆铁蛋白具有 97% 的序列相似性（Wicks & Entsch，1993）。蚕豆铁蛋白同时含有 H－1 和 H－2 亚基，但是，其 H－2 亚基的比例是（86%），远远高于豌豆（67%）和大豆（50%）的 H－2 比例（Li et al.，2009b；Masuda，et al.，2001）。所有的结论都与之前的报道，即 26.5kDa 亚基是来自于 28.0kDa 的亚基，通过切除 N 端部分区域来得到的是不同的（Laulhere，et al.，1989）。

通过运用 MASCOT（www.matrixscience.com）检测数据，笔者判别蚕豆铁蛋白和哪种铁蛋白的匹配度是最高的。在蛋白质数据库 NCBInr20110911 中检索到 28.0kDa 的肽指纹图谱数据，这个数据库包含 15 270 974 个序列。28.0kDa 的肽指纹图谱与豌豆铁蛋白的 H－2 亚基匹配度是很高的，6 个关键的质谱峰在已经报道的豌豆铁蛋白中也能找到。与此相似的是，26.5kDa 的肽指纹图谱同样也在蛋白质数据库 NCBInr20110911 中检索到，通过 MASCOT（www.matrixscience.com）检索后发现，与 H－2 亚基相似，26.5kDa 的肽指纹图谱与豌豆铁蛋白的 H－1 亚基匹配度是很高的（Li et al.，2009b）。与这一结论相吻合的是，28.0kDa 亚基的 N 端序列通过 edman 降解后，15 个氨基酸序列为 TTAPLTGVIFEPFEE，这个序列和豌豆铁蛋白的 H－2 亚基是相同的（Li et al.，2009b）。另外，28.0kDa 的 6 个肽段包含

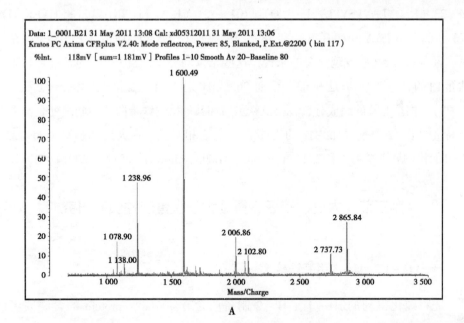

A

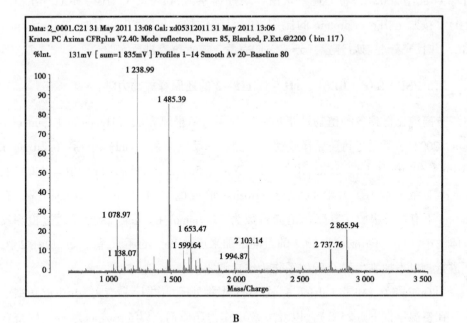

B

图 4 - 4　蚕豆 28. 0kDaA 和 26. 5kDaB 亚基的肽指纹图谱

1 ~ 18（ - . TTAPLTGVIFEPFEEVKK. D）、19 ~ 33（K. DYLAVPSVPLVSLAR. Q）、

19~33（K. DYLAVPSVPLVSLAR. Q）、104~121（R. VVLHPIKDVPSEFEHVEK. G）、176~184（K. ISEYVAQLR. R）和 189~198（K. GHGVWHFDQR. L），这些均在豌豆铁蛋白的 H−2 中发现。总的来说，这些结果均提示，28.0kDa 的条带是与豌豆铁蛋白的 H−2 亚基是相似的，而 26.5kDa 是与 H−1 相匹配的（Li et al.，2009b）。根据亚基的组成分析，蚕豆铁蛋白和其他植物铁蛋白的不同之处是其含有最高量的 H−2 亚基（H2/H1 约为 6/1）。与之相对比，在大豆和豌豆中 H−2 与H−1的比例分别是 1/1 和 2/1（Li et al.，2009b；Masuda，et al.，2001）。

第三节　大豆、豌豆、蚕豆种子铁蛋白性质的研究

一、rH−1、rH−2 组装铁核

先将纯化得到的 rH−1、rH−2 制备成含有 $400Fe^{3+}$/protein 的含铁铁蛋白（Lee et al.，2002），将上述铁蛋白（缓冲体系为 50mmol/L Tris−HCl，pH 值为8.0），按照 $400Fe^{2+}$/protein 的比例进行组装铁核。每隔 30min 加入 $50Fe^{2+}$/protein，并且充分混匀后静置，分 8 次加完后，放置过夜进行实验。

二、PSF、SSF、BBSF、rH−1、rH−2 的还原释放动力学

分离纯化得到各种植物铁蛋白后，参照文献报道方法（Hynes and Coinceanainn，2002），然后进行还原释放动力学测定，反应体系（1ml）包括：$0.2\mu mol/L$ferritin、$500\mu mol/L$ ferrozine、$0.1mol/L$ NaCl、50mmol/L Mops（pH 值 = 7.0）及1mmol/L 维生素 C。由于 Fe^{2+} 与 ferrozine 形成的产物 $[Fe(ferrozine)_3]^{2+}$ 在562nm 下有紫外吸收，其摩尔消光系数为 27.9mmol/L·cm，因此可通过检测反应体系中 $[Fe(ferrozine)3]^{2+}$ 的量的增加来反映 Fe^{2+} 的还原释放，反应在 25℃下进行，以不加维生素 C 的体系作为空白调零。

用 Origin 8.0（Micro Cal Inc.）软件进行数据处理并作图，所有实验至少重复 3 次。

在室温条件下（25℃），以维生素 C 作为还原剂，以 ferrozine 为 Fe^{2+} 的螯合剂在 562nm 下监测铁还原释放动力学，结果如图 4−5 及图 4−6 所示。实验结果显示，BBSF 的还原能力最强，SSF 的还原能力在 3 种豆子铁蛋白中是最弱的，造成还原能力不同的原因可能是由于两种铁蛋白的亚基组成不同而引起的。已经

报道三倍轴和四倍轴通道主要负责铁离子进出铁蛋白（Crichton et al.，1996；Masuda et al.，2001），由于 SSF 铁还原能力最弱，说明其铁离子通道可能均小于其他 3 种豆类铁蛋白的。

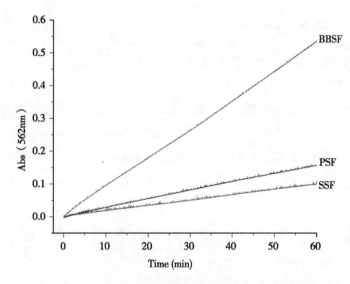

图 4 – 5　三种豆类铁蛋白铁还原释放动力学比较

（Conditions：0.2μmol/L SSF，1mmol/L ascorbate，100mmol/L Mops，
pH 值为 7.0，0.15mol/L NaCl，500μmol/L ferrozine，25℃）

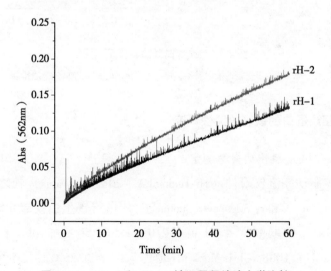

图 4 – 6　rH – 1 和 rH – 2 铁还原释放动力学比较

（Conditions：0.2μmol/L SSF，1mmol/L ascorbate，100mmol/L Mops，
pH 值为 7.0，0.15mol/L NaCl，500μmol/L ferrozine，25℃）

同样，我们将 rH - 1 和 rH - 2 组装铁核后进行还原释放动力学的观察，实验结果显示 rH - 2 的还原释放速率要高于 rH - 1 的，因为蚕豆含有的 H - 2 亚基含量很高，所以其还原释放速率要高于其他蛋白的。

三、脱铁铁蛋白的制备

为防止有氧条件下自由基的生成对铁蛋白的损害，整个脱铁过程在无氧条件下进行，装置由本实验室设计（图 4 - 7）：首先是在 pH 值为 8.5 的缓冲液中，用 50mmol/L 连二亚硫酸钠通过多步循环将铁蛋白中的 Fe^{3+} 逐步还原为 Fe^{2+}，并透析出体系外；其次是用 2, 2′ - 联吡啶将痕量的铁除去（Bauminger et al., 1991b; Treffry et al., 1992）；最后，将铁蛋白通过透析或超滤的方法溶解在实验用缓冲溶液中。本实验所用蛋白质都使用 Lowry 法测定蛋白质浓度。

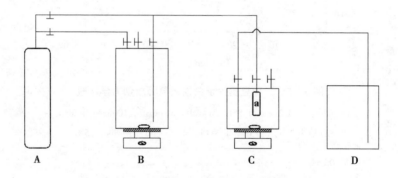

图 4 - 7　铁蛋白脱铁装置示意图

A—氮气瓶，B—缓冲液贮备器，C—反应器，D—废液缸，a—透析袋

四、蚕豆铁蛋白的铁吸收活性研究

（一）Fe^{2+} 快速氧化动力学测定

采用气体驱动停流仪附件（Hi-Tech SFA - 20M apparatus）辅之以紫外可见分光光度计（Varian Cary 50 spectrophotometer）进行铁蛋白铁氧化动力学测定。等体积（140μl）的弱酸性（pH 值 = 2.0）$FeSO_4$ 与 Apoferritin（缓冲体系为 0.15mol/L NaCl + 100mmol/L Mops pH 值为 7.0），在 25℃时共同注入 280μl 的光径为 1cm 的石英比色池。混合死时间用（DICP）和抗坏血酸进行测试反应得到，为 6.8 ±0.5ms（Tonomura et al., 1978）。在 300nm 下检测亚铁离子氧化形

成的终产物——氧桥连铁化合物（$\mu - oxo\ diFe^{3+}$ species）。数据收集时间间隔为 12.5 ms。

使用软件 Origin 7.5（Micro Cal Inc.）拟合所得动力学曲线，拟合方程为三元一次多项式：

$$Y = A_0 + A_1t + A_2t_2 + A_3t_3$$

其中，t 为反应时间（s），当 t = 0，$(dY/dt)_0 = A_1$，Y 为吸光值，A_1 为初始速率。

（二）Fe^{2+} 与蚕豆 Apoferritin 结合化学计量比测定

在 25℃下，向 1ml 浓度为 2 μmol/L 的 Apoferritin（缓冲体系为 0.15mol/L NaCl + 100mmol/L Mops pH 值为 7.0）中每隔 3min 滴加 2 μl 的 $FeSO_4$ 溶液（12mmol/L，pH 值为 2.0），然后，扫描紫外吸收光谱变化（280～500nm）。并以 300nm 下的紫外吸收值和 Fe^{2+}/Apoferritin 比例为坐标作图，计算 Fe^{2+} 与 Apoferritin 的化学计量比。

（三）蚕豆铁蛋白的铁吸收活性研究结果

因为蚕豆与豌豆二者具有同源性，所以本实验对二者的铁氧化沉淀特性进行了比较。脱铁的蚕豆铁蛋白的亚铁氧化沉淀动力学采用气体驱动停流仪附件辅之以紫外可见分光光度计进行测定，结果在图 4 - 8 中显示。在低通量铁的时候（$48Fe^{2+}$/protein），蚕豆铁蛋白和豌豆铁蛋白的氧化的初始速率分别是（0.068 ±

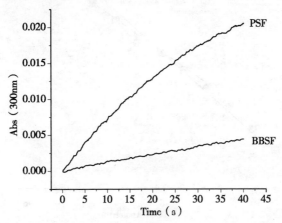

图 4 - 8　脱铁蚕豆铁蛋白和豌豆铁蛋白的 Fe（Ⅱ）氧化动力学

〖Condition：［apoBBSF，apoPSF］= 0.5μmol/L in 0.15mol/L NaCl
and 100mmol/L Mops（pH 值为 7.0），［$FeSO_4$］= 24 μmol/L，25℃〗

0.008）μmol/L/subunit/s 和（0.35 ±0.03）μmol/L/subunit/s，后者约是前者的
5 倍。在同样的实验条件下，蚕豆铁蛋白的氧化沉淀速率同样比大豆铁蛋白的
低，大豆的为（0.47 ±0.04）μmol/L/subunit/s。

　　铁蛋白与其他蛋白最大的不同点在于一方面它具有催化氧化 Fe^{2+} 的活性，另
一方面它可以将其氧化产物以铁矿化核的形式贮存在其内部空腔中供机体代谢需
要。通常 300 ~330nm 紫外吸收波段用于检测铁蛋白中铁的氧化和矿化核形成的
产物 $\mu - 1, 2 - oxodiiron$（Ⅲ）complex（Li et al. , 2009；Bou-Abdallah et al. ,
2005）。紫外滴定实验结果表明，由图 4 - 9 可知，当 Fe^{2+}/Apoferritin = 48 时，
明显出现一个拐点，这说明 3 种铁蛋白的亚基均为 H 型，每个亚基含有 1 个亚铁
氧化中心可催化氧化 2 个 Fe^{2+}，由于每个铁蛋白含有 24 个亚基，因此，1 分子
Apoferritin 可以同时结合 48 个 Fe^{2+}，本实验结果与已报道的豌豆铁蛋白结果相似
（Li et al. , 2009）。现有结果显示豌豆的亚铁氧化中心比蚕豆具有更高的催化能

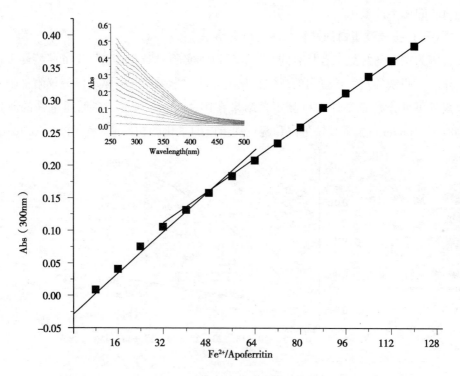

图 4 - 9　铁离子的装载量与氧化产物的吸收值之间的关系

{Conditions：final ［apoBBSF］ = 0. 5μmol/L in 0. 15mol/L NaCl and 100mmol/L Mops

（pH 值为 7. 0），25℃}

力，到目前为止，亚铁氧化中心的氨基酸在所有已经报道的植物铁蛋白中都是高度保守的，但是，这些铁蛋白彼此之间的催化活性是不同的，显示了其氧化中心附近的氨基酸残基或者是其他的氨基酸对这一效应有作用，而笔者近来的研究也发现重组的大豆铁蛋白 H－1 亚基展示了比大豆铁蛋白 H－2 亚基更强的催化能力，尽管它们的亚铁氧化中心是一致的。因此，导致蚕豆铁蛋白和豌豆铁蛋白氧化能力不同的另一个原因是它们亚基组成比例的不同。之前的观点同样表明，在低铁通量时（48Fe^{2+}/ferritin），重组 H－1 相较于重组 H－2 显示了更强的亚铁氧化活性（Deng, et al., 2010）。因为蚕豆包含有更多的 H－2 亚基，所以，这可能是其动力学比较慢的一个重要的原因。

五、静态光散射测定蚕豆铁蛋白聚合动力学

参照 Li et al.（2009）方法：气体驱动停流仪（Hi-Tech SFA-20M apparatus）辅之以荧光分光光度计（Cary Eclipse spectrofluorimeter）进行静态光散射动力学测定。等体积（140μl）的弱酸性（pH 值为 = 2.0）$FeSO_4$ 与 Apoferritin（100mmol/L Mops pH 值为 7.0），在 25℃时，同时注入 280μl 的石英比色池。混合死时间用（DICP）和抗坏血酸进行测试反应得到，为（6.8 ± 0.5）ms（Tonomura et al., 1978）。由于激发和发射波长均为 680nm，因此，可以用来检测蛋白质溶液的光散射强度，并且避免激发蛋白质内源荧光（Ivanova et al., 2008）。静态光散射角度为 90 度，数据收集时间间隔为 12.5ms。

低通量铁的情况下，H－1 和 H－2 亚基催化亚铁氧化是通过亚铁氧化中心来催化的（Zhao，2010）。而在高铁通量的情况下，这一机制逐渐被 EP 氧化来代替（Deng et al., 2010）。EP 区域的催化活性是高铁通量的第二个氧化中心。同时，光散射因其能够提供关于蛋白质大小、构像、聚合状态以及结晶能力的信息，故被广泛运用来研究溶液中的生物粒子的性质（Janmey et al., 1994；Li et al., 2009a；Pal et al., 2001；Zhelev et al., 2005）。因此我们采用静态光散射实验，比较了亚铁离子诱导 WT BBSF 和 WT PSF 这两种铁蛋白的聚合特性。一般来讲，光散射的增加是由于脱铁铁蛋白在高通量的铁的情况下蛋白质聚合引起的。因为蚕豆或豌豆含有 24 个亚铁氧化中心，其最大结合力为 48 个铁离子，而且位于亚铁氧化中心位于蛋白质内部（Chasteen et al., 1999），这些结果显示蛋白质—蛋白质聚合是通过额外的铁结合在蛋白质壳外面所引起的（图 4－10）。笔者已经证实，EP 区域是第二个亚铁氧化区域，负责蛋白质外表面的铁的氧化，

而且蛋白质聚合的速率是与 EP 的催化活性相关的（Li et al.，2009a）。从现在的结果来看，在高铁通量时（120Fe^{2+}/蛋白质），蚕豆中蛋白质聚合速率比豌豆低15 倍，二者分别是 $v_0 = 0.099 \pm 0.015$ $\Delta Y/s$ 和 $v_0 = 1.483 \pm 0.017$ $\Delta Y/s$，显示了位于豌豆上的 EP 区域比蚕豆具有更高的更强的催化能力，导致这一结果的原因还有待研究。

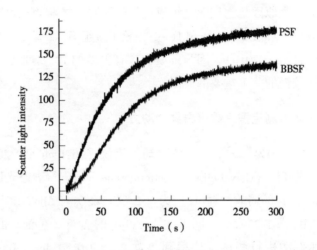

图 4 - 10　脱铁蚕豆铁蛋白和豌豆铁蛋白的 Fe^{2+} （Ⅱ） 诱导的聚合

{Conditions：[apoBBSF，apoPSF] = 0.5μmol/L in 0.15mol/L NaCl and 100mmol/L Mops（pH 值为 7.0），[FeSO$_4$] = 60μmol/L，25℃}

六、蚕豆铁蛋白的自降解

将上述纯化得到的野生型蚕豆铁蛋白 0.5ml（缓冲体系为 0.15mol/L NaCl + 50mmol/L PBS，pH 值为 8.0），放置在 4℃条件下，静置 35d，其中，每隔 5d 取一次样，进行 SDS-PAGE 电泳，比较蚕豆铁蛋白的降解速率（Yang, et al.，2010）。发现铁蛋白在 15d 出现了明显的降解现象。由 SDS-PAGE 电泳图（图 4 - 11）可以看出，蚕豆铁蛋白的亚基发生了降解，而且随着放置时间的延长，降解后的新条带越来越清晰，但是，铁蛋白的降解产物究竟是只由 28.0kDa 亚基降解生成，还是只由 26.5kDa 亚基降解生成，或是两者共同降解的产物？还需要进一步实验阐明。图 4 - 11 显示，铁蛋白的两个亚基在放置 15d 后开始缓慢降解，而且在第 10d 和第 30d 的降解是不同的。相似的结果同样发生在 apoBBSF，显示了铁离子不参与降解这个过程或者不是起主要因素。另外，将蛋白溶于其他的缓冲液中后同样得到相似的结果，例如 Mops 或者是 Mes，在 pH 值为 6.0~7.5 的范围内，而且来源于不同的蛋白质分离纯化方法的蛋白质有同样的降解的结果，显示这一降解不是样品、缓冲液和 pH 值依赖性的。与蚕豆铁蛋白相比，豌豆铁蛋白在第 5d 即开始降解到一定程度，且其降解的程度远远大于蚕豆铁蛋白（Yang et al.，2010）。与豌豆铁蛋白相似，大豆铁蛋白也是不稳定的，而且降解的速度同样要大于蚕豆铁蛋白。而在动物铁蛋白，例如，马脾铁蛋白和人的 H 链铁蛋白在同样的实验条件下却没有观察到其降解结果。同样，在豌豆和大豆铁蛋白去掉 EP 后亦没有蛋白质的降解发生（Fu et al.，2010；Yang et al.，2010）。这些发现表明植物铁蛋白的降解可能是 EP 的作用，而非外界的蛋白酶的作用。实际上，已经发现来源于大豆铁蛋白的 H-1 亚基的 EP 具有很弱的丝氨酸蛋白酶活性，对于大豆铁蛋白降解起主要作用，而 H-2 亚基的 EP 没有这个作用（Fu et al.，2010）。因此，蚕豆铁蛋白比大豆和豌豆铁蛋白具有更高的稳定性的原因可能是蚕豆铁蛋白含有更高量的 H-2 亚基。

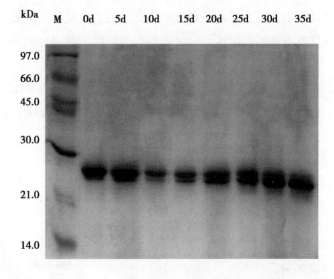

图 4-11　蚕豆铁蛋白降解的 SDS-PAGE

（The purified holoBBSF was incubated in 50mmol/L Tris-HCl（containing 0.15mol/L NaCl，pH 值为 8.5）at 4 ℃ for different time intervals. Lanes 0 to 8 corresponded to incubation times of 0d、5d、10d、15d、20d、25d、30d and 35 d，respectively；lane mol/L，protein markers and their corresponding molecular masses）

植物铁蛋白对于治疗缺铁性贫血已经被证实是很有效的，但是，却能够被胃蛋白酶降解（Zhao，2010）。Bejjani 等在 2007 年已经报道，豌豆铁蛋白能被胰蛋白酶降解。以前的研究显示，与 H－1 相比较，H－2 亚基对于酶解具有更强的抵抗力（Masuda et al.，2001）。基于这些发现，相比较于豌豆和大豆铁蛋白分子，蚕豆铁蛋白分子是否更能够逃逸胃蛋白酶的降解，经肠道受体介导的途径被吸收并具有更好的补铁效果还有待进一步研究。

本文采用柱层析方法纯化得到了电泳纯的豌豆铁蛋白、大豆铁蛋白和蚕豆铁蛋白；利用分子克隆的方法制备了重组大豆铁蛋白（rH－1 和 rH－2）。实验得到了充足的铁蛋白，为后续蛋白质的性质研究提供了保障。

新的植物铁蛋白即蚕豆铁蛋白从蚕豆种子中分离纯化出来，分子量为560kDa。Western blot 分析显示，纯化得到的蛋白质属于植物铁蛋白一族。这种新的铁蛋白同样包括 2 个亚基，H－1 和 H－2，二者的肽指纹图谱是不同的，显示了这两种亚基来源于不同的前体。在所有已知的植物铁蛋白中，蚕豆铁蛋白含有的 H2 的含量是最高的（约为86%），导致了其还原释放铁的速率很高。其次在低通量和高通量铁中，蛋白质具有较低的催化活性，以及与大豆铁蛋白和豌豆铁蛋白相比，其具有更高的稳定性。这一特性是否能赋予其更好的补铁效果还有待进一步研究。

此外，铁还原释放动力学显示，BBSF 的还原能力最强，SSF 的还原能力在 3种豆子铁蛋白中是最弱的；rH－2 的还原释放速率要高于 rH－1 的。铁蛋白铁还原释放速率与其补铁活性是否有关，还有待进一步探讨。

第五章　豆科类种子铁蛋白补铁的细胞实验研究

铁是动物、植物以及微生物生长发育所必需的营养元素之一。铁可以形成血红素、铁硫原子簇以及其他一些非血红素铁化合物，这使得它在光合作用、呼吸作用、氮的固定、蛋白质和核酸的合成等诸多生理代谢过程中扮演着举足轻重的角色。

体内缺铁主要分为 3 个阶段：第一阶段为铁减少期，体内贮存铁减少，血清铁浓度下降，无临床症状；第二阶段为红细胞生成缺乏期，即血清铁浓度下降，运铁蛋白浓度降低和游离原卟啉浓度升高，但血红蛋白浓度尚未降至贫血标准，处于亚临床症状阶段；第三阶段为缺铁性贫血期，此时血红蛋白和红细胞比例下降，并伴有缺铁性贫血的临床症状，如头晕、气短、心悸、乏力、注意力不集中、记忆力明显下降和脸色苍白等症状。

以大豆种子铁蛋白为代表的植物铁蛋白被认为是未来一种新型的、天然的功能性补铁因子。目前，已经有研究表明，大豆种子铁蛋白与马脾铁蛋白和硫酸亚铁在补铁方面是同样有效的，同时由于铁蛋白储存铁的能力，使其具有一定的去毒功能，因此，植物铁蛋白代表了一种新型的、可利用的植物源性的补铁制剂。植物铁蛋白作为新型的补铁制剂具有很广阔的应用前景，但是仍然面临一些问题需要解决。在 pH 值 = 2 的情况下，铁蛋白易被胃蛋白酶消化，此时铁蛋白中的铁释放出来后，其具体的吸收机制目前还不太清楚。因此，如何提高铁蛋白中铁的吸收利用是研究的热点之一。

目前，已经有研究显示 Tim – 2 受体、转铁蛋白受体 – 1 对 H 型铁蛋白是特异性的，属于新的铁蛋白受体。转铁蛋白只是部分抑制 H 型铁蛋白结合到受体上，这一结果显示铁蛋白和转铁蛋白二者与转铁蛋白受体的结合位点是不重叠的。植物铁蛋白只含有 H 型亚基，和动物的 H 型亚基具有 40% 的序列相似性，因此，TfR – 1 是否能够影响植物铁蛋白的铁吸收呢？同时细胞对于不同来源的铁的吸收效率又有何差异呢？这些问题都是目前研究的热点问题。

第一节　Caco－2 细胞及细胞培养概述

一、Caco－2 细胞简介

Caco－2 细胞模型是一种人克隆结肠腺癌细胞，结构和功能类似于分化的小肠上皮细胞，具有微绒毛等结构，并含有与小肠刷状缘上皮相关的酶系，可以用来进行模拟体内肠转运的实验。在细胞培养条件下，生长在多孔的可渗透聚碳酸酯膜上的细胞可融合并分化为肠上皮细胞，形成连续的单层，这与正常的成熟小肠上皮细胞在体外培育过程中出现反分化的情况不同。Caco－2 细胞模型作为最近十几年来国外广泛采用的一种研究药物小肠吸收的体外模型，具有相对简单、重复性较好、应用范围较广的特点。细胞亚显微结构研究表明，Caco－2 细胞与人小肠上皮细胞在形态学上相似，具有相同的细胞极性和紧密连接。胞饮功能的检测也表明，Caco－2 细胞与人小肠上皮细胞类似，这些性质可以恒定维持约20d。由于 Caco－2 细胞性质类似小肠上皮细胞，因此，可以在这段时间进行药物的跨膜转运实验。

另外，存在于正常小肠上皮中的各种转运系统、代谢酶等在 Caco－2 细胞中大都也有相同的表达，如细胞色素 P_{450} 同工酶、谷氨酰胺转肽酶、碱性磷酸酶、蔗糖酶、葡萄糖醛酸酶及糖、氨基酸、二肽、维生素 B_{12} 等多种主动转运系统在 Caco－2 细胞中都有与小肠上皮细胞类似的表达。由于其含有各种胃肠道代谢酶，因此，更接近药物在人体内吸收的实际环境。

利用人小肠上皮 Caco－2 细胞单层来进行药物小肠吸收的细胞水平实验，现在已经成为一种预测药物在人体小肠吸收以及研究药物转运机制的标准筛选工具。Caco－2 细胞模型常用于：①研究药物吸收的潜力；②研究药物转运的机制，包括吸收机制和排除机制；③研究药物、营养物质、植物性成分的肠道代谢；④判断药物吸收能力的方法。其优点为：省时、可测定药物的细胞摄取及跨膜转运、Caco－2 细胞内有药物代谢酶、可在代谢状况下测定药物的跨膜转运、Caco－2 细胞与小肠上皮细胞近似、Caco－2 细胞易于培养且生命力强。Caco－2 细胞来源是人结肠癌细胞，同源性好，可用于区分肠腔内不同吸收途径的差别。

Caco－2 细胞在传统的细胞培养条件下，生长在多孔的可渗透的聚酯（Polycarbonate）膜上可达到融合并自发分化为肠上皮细胞，形成连续的单层（mono-layer）。培养约 10 d 后，单层的跨膜电阻约为 2 600Ω/cm^2，细胞密度约为 0.9 × 10^{6}细胞/cm^2，此时 Caco - 2 细胞单层对漏出标志物如聚乙二醇（Mr 4000）或甘露醇是不渗透的，这种性质可以维持恒定约 20 d，可以在这段时间进行药物的跨膜转运实验。

在 Caco - 2 细胞模型中，药物的转运过程为：药物分子从 Caco - 2 单细胞层的顶侧肠腔侧跨讨 Caco - 2 单细胞层或经由细胞间隙到达基底侧。药物跨过肠上皮有 4 条途径：被动转运；胞旁转运；载体介导转运；胞饮。

Caco - 2 细胞模型虽然是为了作为口服药物的早期筛选工具而开发的，在预测药物体内吸收领域已经得到了广泛的应用，而近年来在食品科学领域也开始引入这个模型来预测活性物质的体内吸收，目前，类胡萝卜素、原花色素、花色苷及黄酮类化合物在 Caco - 2 细胞模型中的吸收代谢已有研究。Osullivan 等检测了西班牙甜椒、肯尼亚和土耳其的辣椒中类胡萝卜素的生物利用率，发现虽然体外消化物中叶黄素含量最高，但是，Caco - 2 细胞单层对 β - 胡萝卜素的吸收和运输是最多的。Zumdick 等研究了山楂树的叶和花的原花色素吸收代谢情况，发现 B2 型原花青素和聚合度 4～6 的原花青素渗透率都很低，通过统计分析发现分子质量越大，渗透性越差，原花色素的吸收可能通过了被动跨细胞途径和细胞旁路途径，并且原花色素也是 P - 糖蛋白的底物，会被其排出体外。Wang 等发现，葡萄籽原花色素提取物虽然不能通过 Caco - 2 模型，但是其肠道菌群代谢物去质子化却能够通过 Caco - 2 细胞单层，总体来说对原花色素在 Caco - 2 细胞模型上渗透性的研究虽不多，但从中可知原花色素渗透性并不好。Yi 等研究了蓝莓花色苷在 Caco - 2 模型的摄取和吸收情况发现这些花色苷都能通过 Caco - 2 细胞单层或被其吸收，而花色苷中羟基基团越多，- OCH$_3$ 基团越少，其渗透性越差。近年来采用 Caco - 2 细胞模型对黄酮类化合物吸收机制的研究已经成为热点，大多数黄酮类化合物的渗透没有浓度依赖性，并且上室到下室的渗透系数与下室到上室的渗透系数比在 0.5～1.8，这说明黄酮类化合物一般是通过被动途径运输的，然而也有某些特定的黄酮化合物如桑色素和一些黄酮苷会有其他的排出机制，黄酮化合物种类繁多，不同种类的黄酮类化合物运输机制也会有所差异。

对于营养金属元素，Caco - 2 细胞对其的吸收方式则比较一致。由于这些元素都是人体所必需的，所以大都是通过主动运输方式被人体吸收。铜、铁、锌等都有各自专用的转运蛋白，通过 shRNA 分别抑制这些蛋白的表达发现，这些转运蛋白之间有一定的通用能力，铜主要以稳定的螯合物的形式在小肠被吸收，铜转运蛋白可分为 Ctr1 ~ Ctr5（Copper transporter protein，CTR），其中，Ctr1 蛋白和 Ctr3 蛋白转运铜离子的能力较强，而以 Ctr1 蛋白为最强。锌的载体蛋白主要为 ZIP 家族，试验发现，Caco – 2 细胞 AP 侧对锌的吸收并不会随锌浓度增加达到饱和，即该吸收过程中不存在载体调节机制。铁的吸收过程较为复杂，现在比较一致的观点是二价铁进入小肠上皮吸收细胞是由 DMT1 介导完成的，而三价铁的摄取途径与二价铁不同，它是通过整合蛋白—游动铁蛋白—类铁蛋白这一转化途径而实现的。钙的吸收过程发生在小肠处，由小肠刷状缘细胞分泌配体氨基酸，与食物中的钙发生螯合反应而生成氨基酸螯合钙，再由人体直接地整体吸收氨基酸螯合钙。

Caco – 2 细胞中含有与吸收金属相关的基因的表达情况，直接影响细胞对金属的吸收效果。另一方面，细胞的培养环境也可以通过影响某些基因的表达结果，从而对吸收结果产生影响，例如，Caco – 2 细胞在经过长时间的低浓度镉预处理后，细胞中金属硫蛋白的表达明显加强，这促进了其对镉的摄取。金属的人体生物有效性一般与溶液中该金属离子的浓度有关，另外，金属的生物有效性还与溶液中其离子形态的活性有关。温度及 pH 值等环境因素对多数金属的生物有效性有较大影响，例如降低温度能显著降低细胞对铬的吸收效率；加热处理有利于降低食物中镉元素的生物可给性。环境的 pH 值能对铁和镉的吸收产生很大影响，而对铅则几乎没有影响，这进一步说明了铅的吸收驱动机制有别于铁等金属。不同金属元素的吸收过程存在着相互影响，特别在有共用转运蛋白效果的几种元素之间表现得较为明显，研究表明，铅、铁可共用同类转运蛋白 DMT1，因而相互抑制对方的吸收。其他物质成分也会对食物中金属元素的吸收产生一定的影响：碳水化合物、蛋白质和纤维等成分可促进人体对锌的吸收。铜、铁、锌、钙等元素是人体必需的营养元素，对人体及细胞的生长发育都有重要作用，在研究中还发现了它们的其他效果，如锌在 Caco – 2 细胞受损后能帮助其恢复细胞膜的通透性，但营养元素的摄入如果过度亦会对人体有毒性作用，如高浓度锌可诱发 Caco – 2 细胞发生凋亡。

尽管 Caco – 2 细胞模型尚存在不足，如细胞培养时间过长（21d）；该模型本身为纯细胞系，缺乏在小肠上皮细胞中的黏液层；缺少细胞培养标准以及试验操作标准，使结果有时缺乏可比性；由于 Caco – 2 细胞来源于人结肠，因而该细胞的转运特性、酶的表达以及跨膜电阻相对更能反映结肠细胞而非小肠细胞等等。

但是，不可否认的是，建立与应用 Caco－2 细胞模型可以被认为是药物吸收研究方面取得的重要成就，而且随着改进细胞模型的建立和培养装置、检测设备等新技术的应用，其在新药研发中必将发挥出重要作用。

二、细胞培养——肿瘤细胞培养

肿瘤细胞在组织培养中占有核心的位置，首先癌细胞是比较容易培养的细胞，当前建立的细胞系中癌细胞系是最多的。另外，肿瘤对人类是威胁最大的疾病，肿瘤细胞培养是研究癌变机理、抗癌药检测、癌分子生物学极其重要的手段。肿瘤细胞培养对阐明和解决癌症起着不可估量的作用。

（一）肿瘤细胞生物学特性

肿瘤细胞与体内正常细胞相比，不论在体内或在体外，在形态、生长增殖、遗传性状等方面都有显著的不同。生长在体内的肿瘤细胞和在体外培养的肿瘤细胞，其差异较小，但也并非完全相同。培养中的肿瘤细胞具有以下突出特点。

1. 形态和性状

培养中癌细胞无光学显微镜下特异形态，大多数肿瘤细胞镜下观察比二倍体细胞清晰，核膜、核仁轮廓明显，核糖体颗粒丰富。电镜观察癌细胞表面的微绒毛多而细密，微丝走行不如正常细胞规则，可能与肿瘤细胞具有不定向运动和锚着不依赖性有关。

2. 生长增殖

肿瘤细胞在体内具有不受控增殖性，在体外培养中仍如此。正常二倍体细胞在体外培养中不加血清不能增殖，是因血清中含有很多细胞增殖生长的因子，而癌细胞在低血清中（2%～5%）仍能生长。已证明肿瘤细胞有自泌或内泌性产生促增殖因子能力。正常细胞发生转化后，出现能在低血清培养基中生长的现象，已成为检测细胞恶变的一个指标。癌细胞或培养中发生恶性转化后的单个细胞培养时，形成集落（克隆）的能力比正常细胞强。另外癌细胞增殖数量增多扩展时，接触抑制消除，细胞能相互重叠向三维空间发展，形成堆积物。

3. 永生性

永生性也称不死性。在体外培养中表现为细胞可无限传代而不凋亡。体外培养中的肿瘤细胞系或细胞株都表现有这种性状，体内肿瘤细胞是否如此尚无直接证明。因恶性肿瘤终将杀死宿主并同归于尽，从而难以证明这一性状的存在。从近年建立细胞系或株的过程说明，如果永生性是体内肿瘤细胞所固有的，肿瘤细胞应易于培养。事实上，多数肿瘤细胞初代培养时并不那么容易。生长增殖并不旺盛；经过纯化成单一化瘤细胞后，也大多增殖若干代后，便出现类似二倍体细胞培养中的停滞期。过此阶段后才获得永生性，顺利传代生长下去。从而说明体外肿瘤细胞的永生性有可能是体外培养后获得的。从一些具有永生性而无恶性的细胞系，永生性和恶性（包括浸润性）是两种性状，受不同基因调控，但却有相关性。可能永生性是细胞恶变的阶段，至少在体外如此。

4. 浸润性

浸润性是肿瘤细胞扩张性增殖行为，培养癌细胞仍持有这种性状。在与正常组织混合培养时，能浸润入其他组织细胞中，并有穿透人工隔膜生长的能力。

5. 异质性

所有肿瘤都是由有增殖能力、遗传性、起源、周期状态等性状不同的细胞组成。异质性构成同一肿瘤内细胞的活力有差别的瘤组织：处于瘤体周边区的细胞获得血液供应多，增殖旺盛，中心区有的细胞衰老退化，有的处于周期阻滞状态，那些呈活跃增殖状态的细胞称干细胞（Stem Cells）。只有这些干细胞才是支持肿瘤生长的成分，肿瘤干细胞培养时易于生长增殖，把干细胞分离出来的培养方法称干细胞培养。

6. 细胞遗传

大多数肿瘤细胞有遗传学改变，如失去二倍体核型、呈异倍体或多倍体等。肿瘤细胞群常由多个细胞群组成，有干细胞系和数个亚系，并不断进行着适应性演变。

7. 其他

肿瘤细胞在体外不易生长的原因可能由于：①依赖性：肿瘤细胞虽有较强克隆生长力，但仍有一定的群体性或与其他细胞相依存关系。一是肿瘤细胞与肿瘤细胞的相互依存，二是肿瘤细胞与基质成纤维细胞的依赖。体外分散培养和排除成纤维细胞后也会同时消除或减弱这些依存关系，可能影响癌细胞增殖生长的活性；②肿瘤细胞的自泌也会因分散培养而被稀释，达不到肿瘤生长的需求，降低肿瘤细胞的生长增殖力；③并非所有肿瘤细胞都有强的生长活力和长的生长期限，只有干细胞才有强的增殖生长能力，但这些细胞数量很少；④离体培养肿瘤细胞可能需求与体内相似的特殊生存条件。

（二）培养方法

肿瘤细胞培养的成功关键在于：取材、成纤维细胞的排除、选用适宜的培养液和培养底物等几个方面。在具体培养方法方面，肿瘤细胞培养与正常组织细胞培养并无原则性差别，初代培养应用组织块和消化培养法均可。

1. 取材

人肿瘤细胞来自外科手术或活检瘤组织。取材部位非常重要，体积较大的肿瘤组织中有退变或坏死区，取材时要挑选活力较好的部位。癌性转移淋巴结或胸腹水是好的培养材料。取材后宜尽快进行培养，如因故不能立即培养，可贮存于4℃中，但不宜超过24h。

2. 培养基

肿瘤细胞对培养基的要求不如正常细胞严格，一般常用的 DMEM、Mc - Coy5A 等培养基等皆可用于肿瘤细胞培养。肿瘤细胞对血清的需求比正常细胞低，正常细胞培养不加血清不能生长，肿瘤细胞在低血清培养基中也能生长。肿瘤细胞对培养环境适应性较强，是因肿瘤细胞有自泌性，能够产生促生长物质之故，但这并不说明肿瘤细胞完全不需要这些成分。肿瘤细胞与正常细胞之间、肿瘤细胞与肿瘤细胞之间对生长因子的需求都存在着差异。大多数肿瘤细胞培养中仍需要生长因子，有的还需特异性生长因子（如乳腺癌细胞等）。总之，培养肿瘤细胞仍需加血清和相关生长因子培养更易成功。

（三）细胞传代培养

1. 原理

细胞在培养瓶长成致密单层后，已基本上饱和，为使细胞能继续生长，同时也将细胞数量扩大，就必须进行传代（再培养）。

传代培养也是一种将细胞种保存下去的方法，同时也是利用培养细胞进行各种实验的必经过程。悬浮型细胞直接分瓶就可以，而贴壁细胞需经消化后才能分瓶。

2. 材料和试剂

（1）细胞

贴壁细胞株。

（2）试剂

0.25%胰酶、1640 培养基（含 10%小牛血清）。

（3）仪器和器材

倒置显微镜，培养箱、培养瓶、吸管、废液缸等。

3. 操作步骤

一是将长满细胞的培养瓶中原来的培养液弃去。

二是加入 0.5 ~ 1ml 0.25% 胰酶溶液，使瓶底细胞都浸入溶液中。

三是瓶口塞好橡皮塞，放在倒置镜下观察细胞。随着时间的推移，原贴壁的细胞逐渐趋于圆形，在还未漂起时将胰酶弃去，加入 10ml 培养液终止消化。

观察消化也可以用肉眼，当见到瓶底发白并出现细针孔空隙时终止消化。一般室温消化时间为 1 ~ 3min。

四是用吸管将贴壁的细胞吹打成悬液，分到另外两到三瓶中，实践培养液塞好橡皮塞，置 37℃ 下继续培养。第二天观察贴壁生长情况。

附：消化液配制方法。

称取 0.25 g 胰酶蛋白酶（活力为 1∶250），加入 100ml 无 Ca^{2+}、Mg^{2+} 的 Hank's 液溶解，滤器过滤除菌，4℃ 保存，用前可在 37℃ 下回温。胰酶溶液中也可加入 EDTA，使最终浓度达 0.02%。

（四）细胞株的培养、冻存和复苏

1. 细胞株的培养和传代

（1）培养

用于检测细胞因子的细胞株通常培养于含 10% 小牛血清和抗生素的培养液中，培养细胞因子依赖细胞株还有加入适量细胞因子。在 37℃ 5% CO_2 的饱和水汽二氧化碳培养箱中培养，3 ~ 4d 传代 1 次。

（2）悬浮生长细胞的传代

直接吸去或离心后吸去培养上清液，用新鲜培养液悬浮细胞，1∶3 或 1∶5 稀释细胞后，分瓶继续培养。

（3）贴壁生长细胞的传代

吸去培养液，用 PBS 洗涤细胞一次，加入消化液，在 37℃ 中消化 3 ~ 10min，待细胞开始脱落时，倒去消化液，加入新鲜培养液，悬浮和吹打分散细胞。也可以待细胞完全消化脱落，500g 离心 5min，去除消化液，用新鲜培养液悬浮细胞。1∶3 或 1∶5 稀释细胞后，分瓶继续培养。

2. 细胞株的冻存

一是取培养 2 ~ 3d 生长旺盛的细胞，用细胞培养液将细胞配成 2×10^6 ~ 2×10^7/ml。

二是在 1ml 细胞冻存管中加入 0.5ml 细胞悬液，0.4ml 小牛血清和 0.1ml 二甲基亚砜（或甘油），混匀后密封。置 4℃ 1h，-20℃ 2h，然后直接放入液氮中或置液氮蒸汽上过夜后浸入液氮中。

　　3. 细胞株的复苏

　　①将冷冻管迅速由液氮转入到37℃水浴中，冷冻管的顶部保持在水面以上以避免任何污染，不定时搅拌加速解冻；②当细胞完全解冻后，用含70%乙醇的纱布擦拭冷冻管消毒；③将解冻后细胞转移到含4℃预平衡培养液的试管中；④细胞悬液在4℃下200g离心10min；⑤弃上清液，将细胞重新悬浮在新鲜培养液中；⑥将细胞转移到细胞培养瓶，CO_2孵箱中培养；⑦用倒置显微镜检查细胞存活率以及细胞密度，如果细胞密度过高，用培养液稀释至适宜浓度。

　　附：对照试验。

　　在冷冻细胞被移入到液氮罐中一段时间后，取出一管细胞复苏并进行培养以检测存活率。实验要点及说明：①严格遵守液氮操作规则（即戴上合适的手套和护目镜），液态氮对眼睛极为有害；②对一瓶细胞培养液要尽可能多分装几个冷冻管；③延长暴露在DMSO中的时间对细胞有害，因此，冷冻和解冻操作要尽可能快；④细胞可以暂时稳定保存在－80℃达数月；⑤每批次冷冻和复苏的细胞的存活率可能会不相同，为避免这个问题，每次细胞冻存最好分两批以上进行；⑥DMSO可以防止在细胞内部出现冰结晶，冻存过程需要逐步降低温度；⑦如果复苏后细胞难以恢复到良好状态，可以使用含10%鼠胚胎成纤维母细胞培养上清液的培养液以促进恢复；⑧也可以用含20%热灭活胎牛血清和10%DMSO的培养液为冷冻液。

　　（五）直接计数细胞

　　一是如果靶细胞是贴壁细胞，在细胞因子作用适当时间后，用生理盐水洗去死亡细胞，用0.25%胰蛋白酶液消化细胞。加适量生理盐水吹打，使细胞分散成单个细胞。直接在血细胞计数板上计数细胞。

　　二是如果靶细胞是悬浮细胞，则需要用染色剂区分死细胞和活细胞然后再计数。通常用台盼蓝染色细胞，活细胞可以排除进入细胞的台盼蓝而不着染，死细胞着染呈深蓝色。

　　三是计数血细胞计数板上4个大方格中的全部活细胞，按下式计算活细胞数：活细胞数（个/ml）＝计数的全部活细胞数×10 000×2×1/4。

　　（六）微生物污染的排除

　　细胞受各种霉菌、细菌和支原体污染后，一般都较难排除或杀灭，其中以支原体更难排除，因此从预防着眼为上策。

（七）细胞分离（克隆）培养——多孔塑料培养板单细胞克隆法

1. 消化

取健康待克隆细胞，吸出瓶内培养液，加消化液。

2. 低密度细胞悬液的制备

做克隆细胞时首先需用消化法制备出单个细胞悬液，然后稀释细胞，使之成为 1~2 细胞/ml 悬液，最适宜细胞密度为 1~2 细胞/ml 培养液。

3. 接种

先用吸管轻轻吹打细胞悬液，使混悬均匀，继用加样器向塑料培养板每孔内加 0.5ml。接种时要迅速准确，争取在最短时间内加完，以免培养液蒸发，然后迅速盖好盖板，置 CO_2 温箱培养。

4. 标记

培养 6~12h 后，待细胞下沉贴附于培养板孔底，从温箱中取出，置倒置光显微镜台上，观察和标记下含有单个细胞的孔，置 CO_2 温箱培养。在培养中一般无须换液，只有在细胞增长过于缓慢时才可进行换液。换液时先吸除旧培养基，但不要吸除过多，余少许，以免细胞干涸。然后再迅速补加新鲜克隆培养液，继续培养 3~4 周。待孔内细胞增至 500~600 个时，可进行分离培养。

5. 分离扩大培养

培养 86~96h 后进行观察。挑选生长良好的单细胞克隆孔，先吸除旧培养液，用 Hanks 洗 1~2 次，继续加胰蛋白酶少许，加入量已能覆盖细胞群即可，如过多，应吸除多余消化液。置于倒置显微镜下窥视，待发现细胞变圆时，加入 0.1ml 含 10% 血清的克隆培养基，用吸管轻轻吹打，当细胞离开底物悬浮后，一并吸入管内，移入另瓶或皿中，再补加一定量克隆培养液，置 CO_2 温箱中继续培养、增殖，使之形成新的细胞群后，即转用常规培养法培养。

（八）细胞培养的环境

细胞在体外培养中所需的条件与体内细胞基本相同。

1. 无污染环境

培养环境无毒和无菌是保证细胞生存的首要条件。当细胞放置于体外培养时，与体内相比细胞丢失了对微生物和有毒物的防御能力，一旦被污染或自身代谢物质积累等，可导致细胞死亡。因此，在进行培养中，保持细胞生存环境无污染、代谢物及时清除等，是维持细胞生存的基本条件。

2. 恒定的温度

维持培养细胞旺盛生长，必须有恒定适宜的温度。人体细胞培养的标准温度为（36.5±0.5）℃，偏离这一温度范围，细胞的正常代谢会受到影响，甚至死亡。培养细胞对低温的耐受力较对高温强，温度上升不超过 39℃时，细胞代谢与温度成正比；人体细胞在 39～40℃ 1h，即能受到一定损伤，但仍有可能恢复；在 40～41℃ 1h，细胞会普遍受到损伤，仅小半数有可能恢复；41～42℃ 1h，细胞受到严重损伤，大部分细胞死亡，个别细胞仍有恢复可能；当温度在 43℃ 以上 1h，细胞全部死亡。

3. 气体环境

气体是人体细胞培养生存必需条件之一，所需气体主要有氧气和二氧化碳。氧气参与三羧酸循环，产生供给细胞生长增殖的能量和合成细胞生长所需用的各种成分。开放培养时一般把细胞置于 95% 空气加 5% 二氧化碳混合气体环境中。

二氧化碳既是细胞代谢产物，也是细胞生长繁殖所需成分，它在细胞培养中的主要作用在于维持培养基的 pH 值。大多数细胞的适宜 pH 值为 7.2～7.4，偏离这一范围对细胞培养将产生有害的影响。但细胞耐酸性比耐碱性大一些，在偏酸环境中更利于细胞生长。

细胞培养液 pH 值浓度的调节最常用的为加 $NaHCO_3$ 的方法，因为 $NaHCO_3$ 可供 CO_2，但二氧化碳易于逸出，故最适用于封闭培养，而羟乙基哌嗪乙硫磺酸（HEPES）因其对细胞无毒性，也起缓冲作用，有防止 pH 值迅速变动的特性而用于开放细胞培养技术中，其最大优点是在开放式培养或细胞观察时能维持较恒定的 pH 值。

4. 细胞培养基

培养基既是培养细胞中供给细胞营养和促使细胞生殖增殖的基础物质，也是培养细胞生长和繁殖的生存环境。培养基的种类很多，按其物质状态分为半固体培养基和液体培养基两类；按其来源分为合成培养基和天然培养基。

（1）合成培养基

合成培养基是根据细胞所需物质的种类和数量严格配制而成的。内含碳水化合物、氨基酸、脂类、无机盐、维生素、微量元素和细胞生长因子等。单独使用细胞虽能生存但不能很好的生长增殖。

（2）天然培养基

使用最普遍的天然培养基是血清，基本以小牛血清最普遍。血清由于含有多种细胞生长因子、促贴附因子及多种活性物质，与合成培养基合用，能使细胞顺利增殖生长。常见使用量为 5% ~ 20%。

（九）细胞培养设施和基本条件

1. 实验室设计

细胞培养是一种无菌操作技术，要求工作环境和条件必须保证无微生物污染和不受其他有害因素的影响。细胞培养室的设计原则是防止微生物污染和有害因素影响，要求工作环境清洁、空气清新，干燥和无烟尘。细胞培养工作包括：工作液配制、无菌操作（采样）、温育、无菌处理，细胞和用品贮存等。细胞培养室的设计实施原则一般是无菌操作区设在室内较少走动的内侧，常规操作和封闭培养于一室，而洗刷消毒在另一室。

2. 常用设施及设备

（1）超净工作台

也称净化工作台，分为侧流式、直流式和外流式三大类。

（2）无菌操作间

一般由更衣间、缓冲间和操作间三部分组成。操作间放置净化工作台及二氧化碳培养箱、离心机、倒置显微镜等。缓冲间可放置电冰箱、冷藏器及消毒好的无菌物品等。

（3）操作间

普通培养箱、离心机、水浴锅、定时钟、普通天平及日常分析处理物品。

（4）洗刷消毒间

烤箱、消毒锅、蒸馏水处理器及酸缸等。

（5）分析间

显微镜、计算机及打印机等。

3. 培养器皿

细胞培养以玻璃器皿为主，器皿应选择透明度好、无毒、中性硬度玻璃制品。常用的玻璃器皿有下面几种。

（1）液体储存瓶

用于储存各种配制好的培养液、血清等液体，常以 500ml、250ml 和 100ml 生理盐水瓶或血浆瓶代替。

（2）培养瓶

根据培养细胞种类要求不同培养瓶的形态各异，用于细胞传代培养的细胞要求瓶壁厚薄均匀，便于细胞贴壁生长和观察，瓶口要大小一致，口径一般不小于1cm，允许吸管伸入瓶内任何部位，规格有200ml、100ml、50ml、25ml和10ml等几种。用于外周血培养的常用10ml普通圆瓶。两种培养瓶均要求选用优质玻璃制成。

（3）培养皿

用于开放式培养及其他用途。分直径30mm、60mm和120mm等几种。

（4）吸管

常用的有长吸管和短吸管两类，长吸管也称刻度吸管。其改良后管上部有球型刻度称改良吸管，刻度吸管用于移动液体。常用1ml和10ml两种。短吸管也叫滴管，分弯头和直头两种。

（5）离心管

离心管是细胞培养中使用最广泛的器皿，根据用途不同形态各样，常用于细胞培养的离心管有大腹式尖底离心管和普通尖底离心管两类。

（6）其他

如三角烧瓶、烧杯、量筒、漏斗和注射器等。

（十）培养细胞形态

体外培养细胞根据它们在培养器皿是否能贴附于支持物上生长特征，可分为贴附型生长和悬浮型生长两大类。贴附型细胞在培养时能贴附在支持物表面生长。如羊水细胞为贴附型细胞，常表现为成纤维型细胞和上皮细胞生长。悬浮型细胞在培养中悬浮生长。

1. 成纤维型细胞

培养中的细胞凡形态与成纤维细胞类似时，皆可称之为成纤维细胞。本型细胞由形态与体内成纤维细胞的形态相似而得名，细胞在支持物表面呈梭形或不规则三角形生长，细胞中央有卵圆形核，胞质向外伸出2～3个长短不同的突起，除真正的成纤维细胞外，凡由中胚层间质起源的组织细胞常呈本类形态生长。

2. 上皮型细胞

此类型细胞在培养器皿支持物上生长具有扁平不规则多角形特征，细胞中央有圆形核，细胞紧密相连呈单层膜样生长。起源于内、外胚层细胞如皮肤、表皮衍生物、消化管上皮等组织细胞培养时，皆呈上皮型形态生长。

3. 游走型细胞

本型细胞在支持物上散在生长，一般不连成片。细胞质经常伸出伪足或突起，呈活跃的游走或变形运动，速度快且不规则。此型细胞不很稳定，有时亦难和其他型细胞区别。在一定的条件下，由于细胞密度增大连成片后，可呈类似多角型或成纤维细胞形态。常见于羊水细胞培养的早期。

（十一）培养细胞形态分析

培养细胞随贴附支持物形状不同而形态各异，最常见的是贴附于平面支持物细胞。在一般光镜下生存中的细胞是均质而透明的，结构不明显。细胞在生长期常有 1~2 个核仁，在细胞机能状态不良时，细胞轮廓会增强，反差增大。若胞质中时而出现颗粒、脱滴和腔泡等，表明细胞代谢不良。

（十二）培养用品的清洗与消毒

目前，我国细胞培养器皿主要仍使用能反复使用的玻璃器皿，清洗的主要目的为清除杂质和微生物，使在器皿内不残留任何影响细胞生长的成分。因而在组织细胞培养中清洗和消毒是一个极为重要的环节。

1. 清洗

在组织细胞培养中，体外细胞对任何有害物质都非常敏感。微生物产品附带杂物，上次细胞残留物及非营养成分的化学物质，均能影响培养细胞的生长。因此，对新使用和重新使用的培养器皿都要严格彻底的清洗，且要根据器皿的组成材料不同，选择不同的清洗方法。

（1）玻璃器皿的清洗

组织细胞培养中，使用量最大的是玻璃器皿，故工作量最大的是玻璃器皿的清洗。一般玻璃器皿的清洗包括浸泡、刷洗、浸酸和冲洗 4 个步骤。清洗后的玻璃器皿要求干净透明无油迹，而且不能残留任何物质。

①浸泡：初次使用和培养使用后的玻璃器皿均需先用清水浸泡，以使附着物软化或被溶解掉。新的初次使用的玻璃器皿，在生产及运输过程中，玻璃表面带有大量的干固的灰尘，且玻璃表面常呈碱性及带有一些对细胞有害的物质等。新瓶使用前应先用自来水简单刷洗，然后用稀盐酸液浸泡过夜，以中和其中的碱性物质。再次使用的玻璃器皿则常附有大量刚使用过的蛋白质，干固后不易洗掉，故用后要立即浸入水中，且要求完全浸入，不能留有气泡或浮在液面上。

②刷洗：浸泡后的玻璃器皿一般要用毛刷沾洗涤剂刷洗，以除去器皿表面附着较牢的杂质。刷洗要适度，过度会损害器皿表面光泽度。

③浸酸：清洁液是由重铬酸钾、浓硫酸和蒸馏水按一定比例配制而成，其处理过程称为浸酸。清洁液对玻璃器皿无腐蚀作用，而其强氧化作用可除掉刷洗不掉的微量杂质。清洁液去污能力很强，是清洗过程中关键的一环。浸泡时器皿要

充满清洁液，勿留气泡或器皿露出清洁液面。浸泡时间一般为过夜，不应少于6h。清洁液可根据需要，配制成不同的强度，常用的有下列3种：重铬酸钾（g）、浓硫酸（ml）、蒸馏水（ml）。（A）强清洁液 63 1000 200000；（B）次强清洗液 120 200 1000；（C）弱清洁液 100 100 100。清洁液配制时应注意安全，须穿戴耐酸手套和围裙，并要保护好面部及身体裸露部分。配制过程中可使重铬酸钾溶于水中，然后慢慢加浓硫酸，并不停的用玻璃棒搅拌，使产生的热量挥发，配制溶液应选择塑料制品。配成后清洁液一般为棕红色。

④冲洗：玻璃器皿在使用后，刷洗及浸泡后都必须用水充分冲洗，使之尽量不留污染或清洁液的残迹。冲洗最好用洗涤装置，既省力、效果又好。如用手工操作，则需流水冲洗10次以上，每天水须灌满及倒干净，最好用蒸馏水清洗3～5次，晾干备用。

（2）胶塞的清洗

细胞培养中所用的橡胶制品主要是瓶塞。新购置的瓶塞带有大量滑石粉及杂质，应先用自来水冲洗，再做常规处理，常规清洗方法是：每次用后立即置入水中浸泡，然后用2% NaOH 或洗衣粉煮沸10～20min，以除掉培养中的蛋白质。自来水冲洗后，再用1%稀盐酸浸泡30min 或蒸馏水冲洗后再煮沸10～20min，晾干备用。

（3）塑料制品的清洗

塑料制品现多是采用无毒并已经特殊处理的包装，打开包装即可用，多为一次性物品。必要时用2% NaOH 浸泡过夜，用自来水充分冲洗，再用5%盐酸溶液浸泡30min，最后用自来水和蒸馏水冲洗干净，晾干备用。

2. 消毒

细胞培养的最大危险是发生培养物的细菌、真菌和病毒等微生物的污染，污染主要是由于操作者的疏忽而引起，常见的原因有操作间或周围空间的不洁，培养器皿和培养液消毒不合格或不彻底，由于有关培养的每个环节的失误均能导致培养失败，故细胞培养的每个环节都应严格遵守操作常规，防止发生污染。

消毒方法分为3类：物理灭菌法（紫外线、湿热、过渣等）；化学灭菌法（各种化学消毒剂）；抗生素法。

①紫外线消毒：用于空气、操作台表面和不能使用其他方法进行消毒的培养器皿。紫外线直接照射方便、效果好，经一定的时间照射后，可以消灭空气中大部分细菌，培养室紫外线灯应距地面不超过2.5m，且消毒进物品不宜相互遮挡，

照射不到的地方起不到消毒作用。

紫外线可产生臭氧，污染空气，对试剂及培养液都有不良影响，对人皮肤亦有伤害，不宜近照射。

②湿热消毒：即高压蒸气消毒，是一种使用最广泛、效果最好的消毒方法。湿热消毒时，消毒物品不能装得过满，以防止消毒器内气体阻塞而发生危险。在加热升压之前，先要打开排气阀门排放消毒器内的冷空气，冷气排出后，关闭排气阀门，同时检验安全阀活动自如，继而开始升压，当达到所需压力时，开始记算消毒时间。消毒过程中，操作者不能离开工作岗位，要定时检查压力及安全，防止消毒及意外事件发生。

③化学消毒法：最常见的是70%酒精及1‰的新洁尔灭，前者主要用于操作者的皮肤，操作台表面及无菌室内的壁面处理。后者则主要用于器械的浸泡及皮肤和操作室壁面的擦试消毒。化学消毒法操作简单、方便有效。

④抗生素消毒：主要用于培养用液灭菌或预防培养物污染。

三、细胞培养技术的应用研究

（一）在病毒学中的应用

体外培养的细胞为病毒的增殖提供了场所，细胞是分离病毒的基质，体外培养细胞无抗体及非特异拮抗物质的影响，而且对病毒的敏感性较体内细胞高，可采用离心感染法或提取病毒核酸进行感染，并以细胞打孔器协助感染，扩大病毒感染的宿主范围，使病毒感染指标容易观察，光学显微镜下就可见到包涵体、细胞融合等现象，同时也便于用分子病毒学技术进行检测。

（二）在肿瘤学中的应用

肿瘤是机体在致癌因子的作用下，组织中的细胞失去对其生长的正常调控，导致其克隆性异常增生而形成的新生物。目前，对于各种癌症还没有有效的药物来治疗，肿瘤研究的首要任务是明确致癌机制。细胞培养技术使研究人员能够清楚地认识正常细胞、癌前病变细胞、生命有限的肿瘤细胞以及完全转化或永生化的肿瘤细胞的生物学特征，这些逐级进化的细胞是体外研究多阶段致癌机制的基础。体外血管模型主要研究血管的生理和病理以及药物的作用，根据培养方式不同可以分为二维血管和三维血管。

（三）在药理学中的应用

细胞培养在药理学中的应用比较广泛。通过培养细胞的生长曲线可计数细胞增长的绝对指数，从而可以直观地了解细胞生长与死亡的动态变化，一般用于检测各种药物对细胞生长的影响。利用培养细胞的放射自显影技术，研究细胞的物质代谢、动态变化和细胞周期等，对于药物作用机制的研究有重要作用。细胞培养可用于抗动脉粥样硬化、血糖等药物的研究等应用。目前，体外培养活的心肌细胞已经广泛应用于药理学方面的研究。此方法通过对心肌细胞的培养，可以观察各种药物对其直接作用和对活细胞影响的动态过程，深入研究药物对心肌细胞的离子转运的影响，建立各种心肌细胞损伤模型，利于探讨药物的作用机制。此外，细胞实验还具有简便、准确、快捷、节约动物和药品等特点，可大幅提高研究效率。

（四）在动物生产中的应用

细胞培养作为细胞生物学乃至生物学研究的重要技术，在生物领域中占有重要地位。动物组织（细胞）培养开始于 20 世纪初，发展至今已成为生物、医学研究及应用广泛采用的技术方法，目前，这项技术也广泛应用于动物生产的研究。球虫是一类寄生于鸡等动物肠道上皮细胞引起的一种原虫，广泛分布于世界各地，是目前危害养鸡业的重要疾病之一。而细胞培养为球虫研究提供洁净无污染的环境，为研究抗球虫药物的作用机制、活性以及球虫的发育、行为、结构、免疫、遗传、细胞化学和生物化学等方面提供更有效的研究工具。在鱼类方面，利用细胞克隆技术可以培育出新品种，细胞培养技术还可以在鱼类病毒的分离、鉴定和增殖，病毒抑制和复制途径的阻断等方面发挥重要作用。

（五）在其他方面的应用

细胞培养技术可用于有毒物质的毒性机理的研究。可利用体外培养动物细胞来研究氟化物的毒性机制。木脂素类和黄酮等活性物质是植物的次生代谢产物，其具有抗肿瘤、抗氧化等多种功能，现在可以利用细胞培养技术从植物细胞获取。除此之外，细胞培养在生产疫苗方面也做出了贡献，例如，我国成功研制了由中国仓鼠卵巢细胞（CHO）细胞系表达的基因工程乙肝疫苗。

第二节　RNAi 与基因沉默

一、RNAi 技术及其实验操作

RNA 干扰（RNA interference，RNAi）现象是一种进化上保守的抵御转基因或外来病毒侵犯的防御机制。将与靶基因的转录产物 mRNA 存在同源互补序列的双链RNA（double strand RNA，dsRNA）导入细胞后，能特异性地降解该mRNA，从而产生相应的功能表型缺失，这一过程属于转录后基因沉默机制（post-transcriptional gene siliencing，PTGS）范畴。RNAi广泛存在于生物界，从低等原核生物，到植物、真菌、无脊椎动物，甚至近来在哺乳动物中也发现了此种现象，只是机制更为复杂。

RNA干扰是近年发展起来的一种阻抑基因表达的新方法，该技术通过双链RNA的介导，可以特异性地阻断或降低相应基因的表达。在肿瘤研究中，通过RNAi技术可以选择性地抑制人类肿瘤相关基因的表达，从而抑制肿瘤细胞的生长，该技术的应用为癌症的基因治疗提供了新的方法。

（一）RNA干扰的发现

RNAi现象首次发现于植物中。1990年，Jorgensen的实验室为使矮牵牛花的紫色花色加深而在植物中大量引入了同源编码紫色的基因，但却开出了白色或斑片状的花朵。这种引入同源基因而致基因表达受抑制的现象在当时被称为共抑制。1995年，Younis等发现，在秀丽新小杆线虫中注射双链RNA后导致的基因沉默现象比注射单链正义或反义RNA更为有效。随后更多的研究表明，从线虫到几乎所有真核生物，包括原生动物、无脊椎动物、脊椎动物、真菌和藻类均存在这种现象。这种引入双链RNA导致特异性基因沉默的现象被称为"RNA干扰"。后逐渐证实植物中的转录后基因沉默、共抑制及病毒诱发的基因沉默、真菌的抑制现象均属于RNAi在不同物种的表现形式。

（二）RNAi的特征

RNAi是发生在转录后水平的基因沉默。

1. 高度特异性

有时siRNA一个碱基的改变就会大大降低封闭靶基因的效果。Brummelkamp等利用载体表达的小发夹RNA（small hairpin RNA，shRNA）来封闭人MCF-7细胞的 $CDH1$ 基因，shRNA上仅一对碱基的突变就不能抑制 $CDH1$ 基因的表达。其中，siRNA的中央位置碱基位点和3′末端倒数第二个碱基起了格外重要的作用。

2. 高效率

在细胞内RNAi途径一旦被启动，反应信号就被放大。在低等动物中靶基因表达抑制效率大于90%，甚至有人认为每个细胞一份拷贝的dsRNA就可以封闭基因的效果。

3. 高成功率

RNAi 已被用于线虫全基因组的功能分析，其中有 50% ~80% 序列选择有效，12.9% ~27% 的基因封闭产生了明显的异常表型。

4. 种属时效性

在低等生物中 RNAi 可持续存在，但 RNAi 在哺乳动物细胞中只能维持一段时间，一般注入 dsRNA 后的 2~3d，RNAi 的作用最明显，而后 1~2d，靶 mRNA 的丰度就能恢复到注射 RNAi 之前的水平。这可能是由于 RNA 依赖的核苷脱氨酶脱氨基活性的逐步增高导致 siRNA 的生成减少而受到抑制。

5. dsRNA 的长度限制性

引发有效 RNAi 的 dsRNA 最短不得短于 21nt，Dicer 能与 200~500nt 范围内的 dsRNA 结合，底物片段越短，Dicer 酶的活性也就越弱，提示 RNAi 具有 dsRNA 片段长度限制性。

6. RNAi 的遗传性

1998 年，Fire 等就发现在线虫中 RNAi 可以传代，以后 Worby 等人在果蝇的培养细胞中也发现了类似的现象。线虫中的 RNAi 遗传性需要 Rde－1 和 Rde－2 来启动。

7. 传播性

RNAi 效应可以在细胞间扩散，dsRNA 可在果蝇细胞群落之间传播，在线虫局部注射 dsRNA 也可传播到整个机体。

8. ATP 依赖性

在去除 ATP 的样品中 RNAi 现象降低或消失，显示 RNAi 是一个 ATP 依赖的过程，可能与 Dicer 和 RISC 的酶切反应必须由 ATP 提供能量有关。

9. 模板选择性

RNAi 只是有效作用于外显子，而对内含子无影响。dsRNA 序列是某个基因的启动子序列时也没有明显的效应。另外，RNAi 对稳定并丰富表达的靶基因抑制效率也不高。

（三）RNAi 的作用机制

通过生化和遗传学研究表明，RNA 干扰包括起始阶段和效应阶段。在起始阶段，加入的小分子 RNA 被切割为 21~23 核苷酸长的小分子干扰 RNA 片段（small interfering RNAs，siRNAs）。证据表明：一个称为 Dicer 的酶，是 RNase Ⅲ 家族中特异识别双链 RNA 的一员，它能以一种 ATP 依赖的方式逐步切割由外源导入或者由转基因，病毒感染等各种方式引入的双链 RNA，切割将 RNA 降解为 19~21bp 的双链 RNAs（siRNAs），每个片段的 3'端都有 2 个碱基突出。

在 RNAi 效应阶段，siRNA 双链结合一个核酶复合物从而形成所谓 RNA 诱导沉默复合物（RNA-induced silencing complex，RISC）。激活 RISC 需要一个 ATP 依赖的将小分子 RNA 解双链的过程。激活的 RISC 通过碱基配对定位到同源 mR-NA 转录本上，并在距离 siRNA3'端 12 个碱基的位置切割 mRNA。尽管切割的确切机制尚不明了，但每个 RISC 都包含一个 siRNA 和一个不同于 Dicer 的 RNA 酶。另外，还有研究证明含有启动子区的 dsRNA 在植物体内同样被切割成 21~23nt 长的片段，这种 dsRNA 可使内源相应的 DNA 序列甲基化，从而使启动子失去功能，使其下游基因沉默。

（四）RNAi 应用于哺乳动物细胞的研究策略

在哺乳动物细胞中开展 RNAi 实验大致包括以下 5 个步骤：选取目的基因；设计相应的 siRNA 序列；制备 siRNA；siRNA 转染哺乳动物细胞；RNAi 效果分析。

1. 靶 siRNA 序列选择

靶 siRNA 序列选择是 RNAi 实验成败的关键。哺乳动物细胞 RNAi 实验中，使用最广泛且最有效的是 21bp siRNA 。siRNA 由正义链和反义链组成，两条链 3'端均有 2 个碱基突出，一般为 UU 或 dTdT，其中正义链的前 19 nt 与靶基因序列相同。

2. siRNA 设计的原则

siRNA 双链设计时，一般在靶 mRNA 起始密码下游 100~200bp 至翻译终止密码上游 50~100bp 的范围内搜寻 AA 序列，并记录每个 AA 3'端相邻 19 个核苷酸作为候选 siRNA 靶位点。其中 AA（N 19）TT 是最理想的序列，若靶 mRNA 中无此序列，亦可选用 NA（N 21）或 NAR（N 17）YNN（R 表示嘌呤，Y 表示嘧啶），但在合成时，siRNA 的正义链 3'端需用 dTdT 代替。Tuschl 等建议设计的 siRNA 不要针对 m RNA 的 5'和 3'端非编码区（untranslated regions，UTRs），因为这些区域有丰富的调控蛋白结合位点，而 UTR 结合蛋白或者翻译起始复合物可能会影响 siRNP（siRNA protein complex，核酸内切酶复合物）结合 mRNA，从而影响 siRNA 干扰的效果。最后还应将候选 siRNA 序列在 Gene Bank 进行 BLAST 检索，与非同源基因具有 3 个或 3 个以上碱基相异的序列方可选用。

3. 高效 siRNA 的序列结构特征

除了靶序列位点的选择，si RN A 序列本身结构特征亦会影响到 RNAi 效率。

RNAi 实质上可视为一个 RNA 与蛋白质互作过程，包括 siRNA 与 RISC 结合、RISC 的激活以及 RISC 与靶 mRNA 的结合和切割，这种互作效应的存在，往往造成 siRNA 链的选择具有偏爱性。Reynolds 等通过对 2 个基因的 180 条 siRNA 序列分析，归纳出以下 8 个与 siRNA 高效性相关的特征：G/C 含量低（30% ~ 52%）；正义链 3' 端具较低稳定性（有利于 siRNA 与 RISC 的结合和解链）；无反向重复序列（有利于减小 siRNA 的有效作用浓度，提高 siRNA 干扰效率）；正义链碱基的偏爱性 A19（正义链中 19 位碱基为 A；A 3；U10；无 G/C19（正义链中第 19 位碱基不为 G 或 C）；无 G 13。

依此规则，Reynold s 等设计的 30 条 siRNA 中有 29 条是有效的。Kumiko 等亦认为 siRNA 反义链 5' 端为 A/U（即正义链 U/A 19）和最后 7 个碱基中有个 A/U，会有助于 RNA i 的高效发挥，且正义链 G/C1 和序列中无连续 9nt 以上的 G C 重复片段与基因沉默效率呈显著相关。有趣的是，该实验还表明这些规则同样适用于 DNA 介导的 RNAi 实验。此外，Amarzguioui 等发现，正义链 5' 与 3' 端的前 3 个碱基中 A/U 含量不对称（3' 端含量应高一些）和 A 6 对 siRNA 的活性亦影响很大。

现已知道 siRNA 的反义链决定着靶位点识别，那么在不影响 siRNA 作用功效的前提下，是否可以对其正义链碱基作适当更改或修饰呢？Amarzguioui 等研究 siRNA 不同部位对碱基突变和化学修饰的耐受性，认为 siRNA 的 5' 端相对于 3' 端具有对突变的较高耐受性。有学者认为正义链 3' 突出端的任何碱基修饰对 siRNA 作用效果均无明显影响。还有学者认为与反义链互补的正义链 3' 端发生 1~4 个碱基的错配反而有助于增强 RNAi 的活性。

4. siRNA 制备方法

（1）化学合成

早期 RNAi 实验中，dsRNA 或 siRNA 均由化学法所合成。化学合成的 siRNA 纯度高，合成量不受限制，且还可对 siRNA 进行标记，方便对其跟踪，但该方法价格昂贵，不适用于 siRNA 序列的筛选和长期基因沉寂实验。

（2）体外转录法合成 siRNA

相对于化学合成而言，体外转录法合成 siRNA 较为经济。根据 siRNA 序列合成相应 DNA Oligo 模板，再利用 T7RNA 聚合酶进行体外转录，分别获得 siRNA 的正义链和反义链，然后将其退火、纯化即可得到能直接导入细胞的 siRNA。体外转录法最大缺点是 siRNA 合成量受限制，不过其价格较低，毒性小，稳定性好，效率高。

（3）"鸡尾酒"法

"鸡尾酒"法原理是采用 RNaseIII 消化长片段 dsRNA 来获取 siRNA。基本步骤如下：针对靶基因 mRNA（通常选取 200～1 000bp）在体外转录成长 dsRNA；用大肠杆菌 RNase III 或 Dicer 酶对 dsRNA 进行酶解，得到一组 siRNAs 混合物；消除未被消化的 dsRNA，剩下 siRNA 混合物可用来直接转染细胞。利用此方法可以省略较为烦琐的 siRNA 设计与筛选工作，且能够保证靶基因被有效抑制。该方法适合于快速而经济地研究某个基因功能缺失表型，但因所使用 siRNA 为混合物，无法确定有效的 siRNA 靶序列，并有可能产生非特异性基因抑制。

（4）siRNA 表达载体

上述 3 种方法均为体外合成 siRNA，不宜进行长期基因沉寂研究。借助表达质粒或病毒载体在细胞内产生 siRNA，使研究者无须直接操作 RNA 就可达到长期抑制靶基因表达的目的，且载体上的抗性标记有助于快速筛选出阳性克隆，这将具有更为广阔的应用前景。

5. siRNA 表达框架

siRNA 表达框架（siRNA expression cassettes，SECs）是一种由 PCR 反应得到能在细胞内表达 siRNA 的 DNA 模板，其结构为（RNA polⅢ启动子—表达 siR-NA 的发夹状结构序列 – RNA polⅢ终止子），所获得的 PCR 产物可直接导入细胞。该方法最为简易省时，适用于筛选 siRNA 及在不同宿主细胞中转录启动子与siRNA 靶序列的最佳组合。

6. siRNA 的转染

将 siRNA、siRNA 表达载体或 SECs 导入哺乳动物细胞中是诱导 RNAi 发生的关键。有许多转染试剂可供选用，最常用的是脂质体转染试剂。某些情况下电穿孔法亦可用，但易导致较高的细胞毒性反应。对于同一细胞系，使用不同的转染试剂或方法，其效率往往会有所不同；而对于不同的细胞系，使用同一种转染试剂或方法，效果亦会不同。因此在实验过程中，有必要尝试多种试剂或方法来确定最优条件。转染效率可通过测定细胞的密度、转染的时间和 siRNA 与转染试剂的比例来评价。

7. 实验对照设置

实验对照是衡量 RNAi 实验数据可信度的一个重要因素。设立阳性对照目的是通过检测不同浓度的 siRNA 转染效率及其最终干扰效果，来确定合适的转染条件和最低有效的 siRNA 浓度。有实验表明 RISC 复合物具有饱和性，且过多 siR-NA 会导致细胞毒性和死亡。对于大多数细胞，持家基因（如 GAPDH、β - actin、c - cmyc 等）是较好的阳性对照，针对这些基因的高效 siRNA 序列已有报道。阴性对照是用来检测 RNAi 的特异性，通常作为阴性对照的 siRNA 与选中的 siRNA 序列有相同碱基组成，但与靶 mRNA 无明显同源性。阴性对照的 siRNA 序列设计有 2 种方法，一是将特异性 siRNA 的序列打乱，即"零乱" siRNA，再对其进行 BLAST 比对，防止与目的靶细胞中的其他基因有同源性；另一种是在特异性 siRNA 中引入几个错配碱基。若引入的是一个碱基错配，应需考虑它与突变 mR-NA（即 SNP 位点）结合能力，最好在设计 siRNA 时就避免 SNP 区。

8. RNAi 效果检测

RNAi 效果可从 mRNA 和蛋白质两个水平来进行量化。在 mRNA 水平上，Northern Blot 和实时定量 PCR（real - time RT - PCR）是两种常用方法。值得注意的是在进行实时定量 PCR 时，cDNA 合成要用 oligo（dT），而不是随机引物，且预扩增片段最好位于靶 mRN A 序列中 siRNA 位点的上游。蛋白质水平可以通过 Western blot、荧光免疫检验法、流式细胞分析术和表型分析来检测。RNAi 一般在转染后 24h 内发生，其引发基因沉默的程度和持续时间依赖于靶蛋白质的降解率、siRNA 在细胞内的寿命以及其逐渐被稀释的程度。

（五）RNAi 的应用

RNAi 是生物体在进化中形成的一种内在基因表达的调控机制。就目前的研究来看，RNAi 的生物学意义主要体现在以下一些方面：病毒防御，RNAi 在生物体抵御外来病毒的入侵方面有着重要的作用，可能是其最原始的生物学功能之一；抑制转座子的转座，保护基因组的完整性；调节基因表达；清除畸变的 RNA；参与基因组重排。

RNAi 具有高效性和高特异性的优点，因此，在疾病治疗上具有很大的潜力。近年来 RNAi 技术被广泛用于肿瘤、病毒性疾病及遗传性疾病等疾病治疗试验的研究，并且取得了显著的成果。

1. 疾病治疗上的研究

RNAi 技术广泛应用于传染性疾病及恶性肿瘤的基因治疗方面的研究。T 淋巴细胞比其他类型的细胞活动性更大，范围更广，因而较难利用 RNAi 技术进行控制。Souza 等开发了另一种新的功能强大的分析基因功能的新方法，它是通过液体注射技术将小分子干扰 RNA（siRNA）的核酸高效地导入模式动物的肝脏，从而抑制靶基因的活性。在利用这种 siRNA 技术来抑制 *Ppara* 基因（一种参与脂肪酸代谢调节的内源性基因）后，结果表明，可以引起血糖、甘油三酯等分子和动物表型发生改变，与基因敲除小鼠的结果十分相似。这种方法对研究新的药物靶点很有帮助，并且对代谢性疾病、毒理学、肝癌及其他相关领域研究基因抑制和表达提供了好的思路。这项新技术操作简单，快速，费用远低于基因敲除，因此这种技术为研究细胞和组织的基因功能提供了很好的手段。2006 年美国费城 Acuity 制药公司首次在 RNAi 临床试验方面初获成功，Acuity 制药公司于 2006 年 6 月 1 日，在美国基因治疗学会上首次公布了评估 RNA 干扰疗法对人类患者效果的临床 II 期试验的初步结果，并且向 FDA 提交了第一个利用 RNA 干扰技术研制而成的药物 Beva siranib 的新药申请。药物成分为一小分子干扰 RNA，通过 RNA 干扰作用可关闭促进血管过度生长的基因的表达，从而阻断血管内皮生长因子（VEGF）的生成。VEGF 是新生血管性黄斑部病变和糖尿病患者视网膜病变发生时的一个主要刺激物。通过对 129 名患者的试验，发现 Bevasiranib 能够减缓患者眼睛中血管的生长并改善视力，在最低剂量时药效也能持续数月，没有观察到其他任何明显不良反应。虽然试验数据有待进一步验证，但这项试验的成果仍是利用 RNA 治疗的一个里程碑，为深入进行各种疾病的基因治疗研究提供了重要的参考。

2. RNAi 文库研究

在发现 RNAi 对哺乳动物细胞的一些基因沉默的功能后，美国麻省理工学院和哈佛大学共同组建了一个国际性课题组，并成立了一个 RNA 联盟。联盟的主要目的是通过发展扩大基因的 RNAi 文库，研究利用 RNAi 新方法来沉默基因，并进行筛选确定基因功能的研究。RNAi 文库是具有很强实用性的分子试剂文库，可用来沉默绝大多数的人类和老鼠的基因。这些 iRNA（干扰性 RNA）作为基因的抑制物被包裹在一种慢性感染病毒中，可应用于几乎所有类型的人和小鼠细胞，这对癌症研究尤其重要。RNAi 文库可以让整个学术界更好地了解生物医学领域最重要的这两个物种，同时文库为生物研究提供了一个丰富的资源，可大大促进生物学研究的发展。为了方便研究人员利用 RNAi 技术研究基因功能，必须将新的方法学研究与 RNAi 文库构建紧密联系起来。

3. RNAi 存在的缺陷

由于 RNAi 刚刚开始进行临床实验，病历有限，因此，临床治疗经验不多。目前对基因功能复杂性的认识仍然不够，尤其对外源基因表达的时空性的控制很难准确操纵，当一些蛋白的表达受抑制时，为维持正常代谢功能，其他相关补偿途径可能被激活。有些基因在进行 RNAi 后无法从表型上体现出来，且 RNAi 效应分子对基因的抑制率一般也很难达100％。因此，RNAi 虽然具有特异性好、效率高等优点，但仍然具有一定的风险。因此，应用 RNA 干扰进行基因治疗时一定要更加谨慎。总之，RNAi 近几年发展迅速，由于其诸多优点，在肿瘤、病毒性疾病、心脑血管疾病及其他遗传性疾病的基因治疗方面及在植物的抗病、抗逆性等方面显示出了巨大的潜力，必将在今后的疾病治疗方面发挥越来越独特的优势。

二、基因沉默

基因沉默（Gene silencing）是指生物体中特定基因由于种种原因不表达或者是表达减少的现象。基因沉默现象首先在转基因植物中发现，接着在线虫、真菌、水螅、果蝇以及哺乳动物中陆续发现。

基因沉默是基因表达调控的一种重要方式，是生物体在基因调控水平上的一种自我保护机制，在外源 DNA 侵入、病毒侵染和 DNA 转座、重排中有普遍性。对基因沉默进行深入研究，可帮助人们进一步揭示生物体基因遗传表达调控的本质，从而使外源基因能更好的按照人们的需要进行有效表达；利用基因沉默在基因治疗中有效抑制有害基因的表达，达到治疗疾病的目的，所以研究基因沉默具有极其重要的理论和实践意义。

基因沉默的一方面是遗传修饰生物（Genetically modified organisms）实用化和商品化的巨大障碍，另一方面，基因沉默是植物抗病毒的一个本能反应，为用抗病毒基因植物工程育种提供了具有较大潜在实用价值的策略——RNA 介导的病毒抗性（RNA-mediated virus resistance，RMVR）。转基因植物和转基因动物中往往会遇到这样的情况，外源基因存在于生物体内，并未丢失或损伤，但该基因不表达或表达量极低，这种现象称为基因沉默。

基因沉寂（Gene silencing）也可以被称为"基因沉默"。基因沉寂是真核生物细胞基因表达调节的一种重要手段。在染色体水平，被沉寂的基因区段呈高浓缩状态。

基因沉寂需要经历不同的反应过程才能实现，包括组蛋白 N 端结构域的赖氨酸残基的去乙酰基化加工、甲基化修饰（由甲基转移酶催化，修饰可以是一价、二价和三价甲基化修饰，后者又被称为"过度"甲基化修饰（Hypermethylation），以及和甲基化修饰的组蛋白结合的蛋白质（MBP）形成"异染色质"，在上述过程中，除了部分组蛋白的 N 端尾部结构域需要去乙酰化、甲基化修饰之外，有时也许要在其他的组蛋白 N 端尾部结构域的赖氨酸或精氨酸残基上相应地进行乙酰化修饰，尽管各种修饰的最终结果会导致相应区段的基因"沉寂"失去转录活性基因沉默现象首先在转基因植物中发现，接着和线虫、真菌、昆虫、原生动物陆续发现。大量的研究表明，环境因子、发育因子、DNA 修饰、组蛋白乙酰化程度、基因拷贝数、位置效应、生物的保护性限制修饰以及基因的过度转录等都与基因沉默有关。

三、基因沉默机制

外源基因进入细胞核后，会受到多种因素的作用，根据其作用机制和水平不同可分为 3 种：位置效应（Position effect）；转录水平的基因沉默（Tranional gene silencing，TGS）和转录后水平的基因沉默（Post-tranional gene silencing，PTGS）。

1. 位置效应

是指基因在基因组中的位置对其表达的影响。外源基因进入细胞核后首先整合到染色质上，其整合位点与表达有密切的关系。如果整合到甲基化程度高、转录活性低的异染色质上，一般不能表达；如果整合到甲基化程度低、转录活性高的常染色质上，其表达受两侧 DNA 序列的影响。植物基因组常是由具有相似 GC 含量 DNA 的片段相互嵌合在一起的，外源基因的插入打乱了它们正常的组合。生物体可以通过外源基因与其两侧序列 GC 含量的差别来识别外源基因，激活甲基化酶，使外源序列甲基化而降低其转录活性。

2. 转录水平的基因沉默

是 DNA 水平上基因调控的结果，主要是由启动子甲基化或导入基因异染色质化所造成的。二者都和转基因重复序列有密切关系。

重复序列可导致自身甲基化。外源基因如果以多拷贝的形式整合到同一位点上，形成首尾相连的正向重复（direct repeat）或头对头、尾对尾的反向重复（Inverted repeat），则不能表达。而且拷贝数越多，基因沉默现象越严重。这种重复序列诱导的基因沉默（Repeat-induced gene silencing，RIGS）与在真菌中发现的重复序列诱导的点突变（Repeat-induced point mutation，RIP）相类似，均可能是重复序列间自发配对，甲基化酶特异性地识别这种配对结构而使其甲基化，从而抑制其表达。此外，重复序列间的相互配对还可以导致自身的异染色质化。其机理可能是异染色质化相关蛋白质识别重复序列间配对形成的拓扑结构，与之结合，并将重复序列牵引到异染色质区，或直接使重复序列局部异染色质化。

3. 转录后水平的基因沉默

是 RNA 水平基因调控的结果，比转录水平的基因沉默更普遍。特别是共抑制（Cosuppression）现象尤其是研究的热点。共抑制是指在外源基因沉默的同时，与其同源的内源 DNA 的表达也受到抑制。转录后水平的基因沉默的特点是外源基因能够转录成 mRNA，但正常的 mRNA 不能积累，也就是说 mRNA 一经合成就被降解或被相应的反义 RNA 或蛋白质封闭，从而失去功能。这可能是由于同源或重复的基因表达了过量 mRNA 的结果。Dawson 提出，细胞内可能存在一种 RNA 监视机制用以排除过量的 RNA。当 mRNA 超过一定的域值后，就引发了这一机制，特异性的降解与外源基因同源的所有 RNA。此外，过量的 RNA 也可能和同源的 DNA 相互作用导致重新甲基化（de novo methylation），使基因失活。

上述 3 种机制并不是独立的，而是相互关联的。基因沉默机制在核酸水平上均是 DNA-DNA，DNA-RNA，RNA-RNA 相互作用的结果，所以，人们认为，对基因沉默机制的研究开启了认识 DNA 水平及 RNA 水平上调节基因表达的新纪元，并提出了基因免疫，即基因组对外源基因入侵有抵抗能力的新观念。

四、防止基因沉默的对策

克服基因沉默已经成为基因工程的一个重要课题。目前，针对上述基因沉默的机制，初步提出了如下一些对策。

第一，由于重复或同源序列是基因沉默的普遍诱因，所以，在构建表达载体时，应尽量使得所设计的序列与内源序列的同源性较低，以减少或避免配对。另外，选用外源基因插入基因组中拷贝数低的，最好是单拷贝的转基因植株亦可减少重复序列的存在。

第二，甲基化是基因沉默的直接原因，转基因甲基化的程度与基因沉默的程度成正相关。目前已知用 5 - 氮胞嘧啶处理植株具有很好的抑制甲基化和脱甲基化作用。人们也正在试图在载体上加上有去甲基化功能的序列以防止甲基化。

第三，实验表明在转基因的侧翼接上核基质结合序列（Matrix attachment regions，MAR）会在一定程度上避免位置效应，提高基因的表达。MAR 具有限定 DNA 环的大小，使之成为相对独立的结构功能单位的作用。可能正是由于这一功能，使其起到类似绝缘子的作用使转基因成为相对独立的结构免受周围基因环境的影响。

五、与基因沉默相关的特殊基因

基因一般处于被保护状态中，只有通过所谓的甲基化，即与甲基接触，才能表达并发挥作用。由于每一个植物细胞中都存在着完整的遗传信息，因此必须让某些基因保持"沉默"，植物具体的器官才能顺利地发挥各自作用。否则，所有基因就会都来表达，植物器官也将不知道听从谁的"指令"。一般在一个植物的上万个基因里，只有很少的一部分能够表达，RNA（核糖核酸）会对需要表达的基因进行标记。*RDM*1 基因的任务就是让 RNA 标记过的基因表达。缺少了RDM1，植物中许多本该表达的基因就会保持"沉默"，植物无法正常生长。

第三节　Caco‑2 细胞吸收豆科类种子铁蛋白的研究

TfR1 在许多细胞中都表达，如红血细胞、肝细胞、单核细胞和血脑屏障。哺乳动物的转铁蛋白受体是一种跨膜糖蛋白，等电点为 5.2，分子质量 17 000 ~ 20 000D是由两个同源二聚体的亚基通过两条二硫键交联而成，每分子包括胞内和胞外亲水部分及 28 个氨基酸残基的跨膜部分。N 端位于细胞内，C 端位于细胞表面与转铁蛋白结合。TfR1 能够根据环境 pH 值的变化而改变构像，并把构像变化结果转换为对转铁蛋白结合力强弱的变化。

转铁蛋白和转铁蛋白受体（Trans ferrin receptor，TfR）在药物转运和临床上得到越来越多的应用，已引起广泛的关注。转铁蛋白（trans ferrin，Tf）是体液中不可缺少的成分，不仅参与铁的运输与代谢，参与呼吸、细胞增殖和免疫系统的调节，还具有抗菌杀菌的作用。转铁蛋白是一种单链糖基化球蛋白，分子质量80 000D左右。人转铁蛋白是由 2 个结构相似的分别位于 N 端和 C 端的球形结构域组成的单一肽链。转铁蛋白含有 679 个氨基酸残基，共有 38 个 Cys，形成 19对二硫键。转铁蛋白分子受 3 个碳水化合物侧链保护：2 个 N 链（Asn 413、Asn 611）和 1 个 O 链（Ser 32）。N 端、C 端结构域又由 2 个大小相同的小亚基构成，小亚基间的间隙是铁离子的结合位点。每个转铁蛋白分子有 2 个铁离子结合位点。在人血清中，转铁蛋白的质量浓度为 2.5g/L，其中，30% 与铁结合。转铁蛋白约占血浆蛋白总量的 0.3% ~ 0.5%。转铁蛋白具有多态性，主要被划分为 3 类：血清转铁蛋白、卵（清）转铁蛋白、乳（清）转铁蛋白。血清转铁蛋白来源于血清，还存在于其他体液如胆汁、羊水、脑脊液、淋巴液和乳汁中，通过这些生物体液结合并转运铁离子。乳（清）转铁蛋白存在于乳汁、泪液、唾液、黏液中，其功能主要作为铁离子螯合剂以掩藏铁离子从而成为细菌抑制剂，但不能将铁离子运送到红血球。乳转铁蛋白具有生长因子样作用，可参与免疫应答、炎症反应并在吸收方面起着关键作用。卵（清）转铁蛋白存在于爬行动物和鸟类输卵管的分泌物以及鸟蛋蛋白中，其作用类似于乳转铁蛋白，主要是掩藏铁离子以作为抑菌剂。作为两性物，除乳转铁蛋白的等电点（PI）为 8.7 外，其他转铁蛋白等电点为 5.6~5.8，都是酸性蛋白。

转铁蛋白受体的亲和力极高，不同细胞、组织，不同种属间受体的结构可能有差异，但对转铁蛋白的亲和力不变。转铁蛋白分子上载铁的位点对亲和力起重要作用，载双分子铁者亲和力最大，单分子铁者次之，在 pH 值为 7.4 的生理环境下，去铁转铁蛋白未见有这种亲和力。若 pH 值在 5 左右，去铁转铁蛋白能与受体形成极稳定的复合物。pH 值的变化是决定细胞膜摄取或排除铁的关键。

转铁蛋白受体基因的分析建立在分子生物学基础上。1984 年，Yang 报告受体基因在人第 3 号染色体 q21~25 区。最近，人转铁蛋白受体的原始结构已从 mRNA 序列上推断出来。转铁蛋白受体的生物合成与其他细胞表面糖蛋白的合成途径相似。鼠肝脏手术后，肝细胞膜上受体数量数小时内即可增加，24h 内受体数为未手术鼠的 1 倍。新形成的受体分子量为 88 000，被内在 $\beta-N-$ 乙酰葡萄糖酶－H 消化后分子量为 80 000，4h 内转化为受体的成熟形式（分子量 95 000）。这种受体还需经过转化后的磷酸化，酰化，糖化方稳定。另一转化后的变更是受体的磷酸化－去磷酸化循环，这一过程使受体纯化。磷酸化循环的速率在细胞内是极不一致的，网织红细胞内约 5min，甚至更短，而一般细胞内其半衰期约 30min。

采用抗体（以荧光染料、同位素或过氧化物酶标记）作为指示剂，证明幼红细胞，胎盘和肝脏有大量转铁蛋白受体，且机体许多组织所含的受体远比所测得的数量多。睾丸、胰腺、垂体前叶细胞均有转铁蛋白受体，鼠脑部毛细血管内皮亦有转铁蛋白受体，使转铁蛋白可通过血脑屏障。目前，发现恶性病变组织细胞上转铁蛋白受体数量大大超过良性病变的细胞。

细胞经过复制转铁蛋白受体数目显著增加。如肿瘤细胞存在大量受体。淋巴细胞在有丝分裂因子刺激下转化，DNA 合成前数小时，转铁蛋白受体数显著增加，铁摄入亦增加；到有丝分裂期，表面受体数目又明显减少，这可能与受体返回细胞表面的循环被抑制有关。红细胞内受体数目的变化，不仅与细胞分裂有关，也与血红蛋白合成时需铁情况密切相关。研究受体在细胞成熟中的变化，发现受体在干细胞中较少，80%的骨髓干细胞未发现有转铁蛋白受体存在，这多半由于该阶段细胞缺乏合成血红蛋白的功能。

在细胞培养中，受体数目和铁的需用亦有紧密关系。细胞在含铁盐的介质中受体数目减少，推测是由于对转铁蛋白铁的需要量减少，如果细胞内铁供应被去铁酶阻断，转铁蛋白受体则增加。

在生理条件下，由于转铁蛋白在血清中浓度较高，血脑屏障的转铁蛋白受体被认为几乎完全被转铁蛋白饱和，转铁蛋白作为药物脑靶向载体受到限制。然而，由于 TfR 抗体与 TfR 的结合位点和转铁蛋白与 TfR 的结合位点不同，且不相互干扰，因而可采用受体的抗体进行药物转运。偶联有药物的抗大鼠 TfR 的单克隆抗体（OX26）可由转铁蛋白受体介导内吞，跨过血脑屏障进行转运，并且 OX26 显示出较强的进入中枢神经系统的能力。一项对离体牛的毛细血管研究表明，经过 2 h 的孵育，大约 50% 放射性标记的 OX26 通过内吞作用被摄入。除了转运治疗用大分子药物通过血脑屏障外，转铁蛋白受体跨细胞作用也可将基因靶向转运至中枢神经系统。例如，当静脉给予编码半乳糖苷酶和荧光素酶的质粒（6~7 kb）后，在脑内检测到了普遍的基因表达。

采用受体的抗体进行药物转运时，直接将蛋白质、多肽类药物与转铁蛋白受体的抗体连接，即先将多肽上的氨基巯基化，然后与载体硫化物相连，形成的嵌合肽跨过血脑屏障后，脑内富含的二硫键还原酶可以很快将蛋白质、多肽类药物从抗体上解离下来，发挥其药理作用。到目前为止，研究者已经成功地将小分子药物如抗肿瘤药道诺霉素转入鼠的大脑，并发现在中枢神经系统中，道诺霉素被转运和摄取的量相对于无 OX26 的脂质体转运的要高。

一、Caco-2 细胞 *TfR*1 基因的沉默

（一）豆科类种子铁蛋白的含铁量测定

1. rH-1、rH-2 组装铁核

先将纯化得到的 rH-1、rH-2 制备成含有 $400Fe^{3+}$/protein 的含铁铁蛋白（Lee et al.，2002），将上述铁蛋白（缓冲体系为 50mmol/L Tris-HCl，pH 值为 8.0），按照 $400Fe^{2+}$/protein 的比例进行组装铁核。每隔 30min 加入 $50Fe^{2+}$/protein，并且充分混匀后静置，分 8 次加完后，放置过夜进行实验。

2. ICP-AES 测定几种豆类铁蛋白所含的铁量

将 3 种蛋白溶液采用湿法微波消化，再用电感耦合等离子体原子发射光谱

（ICP-AES）检测各个蛋白溶液中的铁元素的含量。具体方法如下：准确称取0.3g（精确至0.0001g）样品于微波消解罐中，加入4ml浓HNO_3溶液，在微波消解器中消化1h以上，消解完全后转移并用去离子水定容至25ml。采用电感耦合等离子发射光谱法（ICP-AES）检测铁的含量，检测波长为238.204nm，并用含铁标准溶液绘制其工作曲线。

经电感耦合等离子体原子发射光谱（ICP-AES）测得的几种植物铁蛋白的铁含量如表5-1所示。

表5-1　几种铁蛋白中所含铁含量（Fe/mol ferritin）

铁蛋白	ICP-AES法测得的铁含量
PSF	1136
SSF	744
BBSF	1289

铁蛋白是由24个亚基组成的，成4-3-2重轴对称的中空的球状分子，理论上大约有4 500个铁原子以矿化盐的形式储存在铁蛋白的空腔中。本实验用ICP-AES测得的3种野生型豆类铁蛋白中，1个铁蛋白分子中含有1 000个左右的铁原子，这和实验室之前用ferrizone的方法测得的结果是相近的。3种铁蛋白之间的铁含量不同可能和豆子种类以及豆子铁蛋白储存铁的生理条件有关系。rH-1、rH-2组装的铁核为$400Fe^{3+}$/protein，远远低于铁蛋白含铁量的平均值，因此我们认为$400Fe^{3+}$不会使其达到饱和，是能够装入铁蛋白空腔中的，ferrizone的方法测得的结果也验证了这一点，测得的结果均约为$400Fe^{3+}$/protein。

（二）Caco-2细胞的培养

1. 细胞的复苏

从液氮中取出冻存的Caco-2细胞，立即放入37℃水浴中振荡使其在1min内融化。将细胞悬液用移液器移入15ml离心管中，加入5ml细胞培养基，混匀，在1 000rpm离心5min，弃去上清液，再加入5ml细胞培养基，混匀，同样条件离心，弃去上清液，加入5ml培养基，混匀，将此细胞悬浮液移入25cm^2培养瓶中，放入37℃，5% CO_2培养箱中培养。

2. Caco-2细胞的传代

当细胞达到约80%汇合时，进行传代。弃去培养瓶中的培养基，用PBS缓冲液漂洗两次。加入胰酶，轻轻转动培养瓶，使胰酶覆盖上所有细胞，放入 37℃培养箱中培养 5min 左右，在显微镜下观察消化情况，当细胞变圆隆起，向培养瓶中加入少量培养基，终止胰酶消化，用弯头吸管将消化下的细胞吹散，计数细胞密度并向新的培养瓶中接种细胞。

3. Caco–2 细胞在 Transwell 板的接种及培养

将消化后的细胞悬液向 Transwell 板的各孔上室加 0.5ml，下室各加入 1.5ml Hank's 液，然后将 Transwell 板放入 37℃，5% CO_2 培养箱中培养。第 2 天换液，先吸去 Transwell 板各孔下层的培养基，再小心吸去上层培养基，在上层加 0.5ml，下层加 1.5ml 培养基，然后将 Transwell 板放入 37℃，5% CO_2 培养箱中培养。第 3d、第 5d 和第 7d 时，重复第二天的换液操作，第 8 天开始，每天更换上层培养基，隔天更换下层培养基。

4. Caco–2 细胞的跨单层电阻抗值（TER）的测定

用电阻仪测定无细胞的 Transwell 板孔的电阻值，测得的数值作为空白值，测定样品孔的电阻值，减去空白值，再乘以膜面积，得到的数值为最终的细胞单层电阻值，单位为 Ω/cm^2。

5. Caco–2 细胞的冻存

用胰蛋白酶消化细胞，经离心（1 000rpm，5min）沉淀细胞，加入冻存液将细胞稀释至（2～5）×10^6个/ml。将细胞悬液按每管 1ml 的量分装到冻存管中，拧紧管盖，做好标记。将冻存管先置于 –20℃ 30～60min，再转入 –80℃冰箱中过夜，最后将冻存管放入液氮中保存。

（三）Caco–2 细胞 TfR1 基因的沉默

1. 构建 shRNA 干扰载体

（1）设计 3 条干扰序列

TC：CACAAAGGCCAATGTCACA

TRC：GCTGGTCAGTTCGTGATTAAA

TW：GGTGTAGTGGAAGTATCTG

（2）化学合成以下序列

TC–F：gatccGCACAAAGGCCAATGTCACATTCAAGAGATGTGACA TTGGC-CTTTGTGTTTTTTg

TC–R：aattcAAAAAACACAAAGGCCAATGTCACATCTCTTGAATG TGACATTG-GCCTTTGTGCg

TRC – F：gatccGCTGGTCAGTTCGTGATTAAATTCAAGAGATTTA ATCAC-GAACTGACCAGCTTTTTTg

TRC – R：aattcAAAAAAGCTGGTCAGTTCGTGATTAAATCTCTTG AATTTAAT-CACGAACTGACCAGCg

TW – F：gatccGGTGTAGTGGAAGTATCTGTTCAAGAGACAGATA CTTCCACTA-CACCTTTTTTg

TW – R：aattcAAAAAAGGTGTAGTGGAAGTATCTGTCTCTTGAA CAGATACTTC-CACTACACCg

取对应正反向两个片段退火为双链核苷酸。

退火 Buffer：135mmol/L NaCl，10mmol/L Tris – HCl（pH 值为 8.0）。

退火程序：90℃ 5min，80℃ 5min，70℃ 5min，60℃ 5min，50℃ 5min，40℃ 5min，30℃ 5min。

退火后片段 4℃短期保存，–20℃长期保存。

（3）与线性化载体连接

①连接体系：

10 × T4 DNA 连接酶 Buffer	1μl
T4 DNA 连接酶	5U
30% PEG4000	1μl
pLV – shRNA – Puro 线性载体	100ng
退火片段	10ng
加水补足	10μl

②连接反应：16℃保温 1 h，80℃保温 10min 灭活连接酶。

（4）将连接产物转化大肠杆菌 DH5α 感受态细胞

在含有氨苄抗生素的 LB 平板上 37℃培养过夜，挑取阳性克隆测序。

2. 质粒大量提取

取测序正确的菌液 3μl 接种至 3ml 含有卡那霉素的 LB 培养基 37℃振荡培养 12h，取培养物 1ml 接种至 100ml 含有卡那霉素的 LB 培养基继续培养 16h。收集菌体按照 Qiagen Plasmid Plus Maxi Kit 质粒提取试剂盒说明书进行质粒提取。

质粒提取后用紫外分光光度计测量 OD$_{260}$ 值，计算质粒浓度并用无菌蒸馏水稀释至 0.5μg/μl，保存在 –20℃备用。

3. 慢病毒包装（高病毒悬液的制备）

第一，在转染前 24 h 将合适数量的 293T 细胞接种到 10cm² 培养皿，转染时 293T 细胞汇合度为 90% ~ 95%。

第二，转染时用新鲜完全培养基替换原有培养基。

第三，将慢病毒干扰载体、pMD2. G、pSPAX2 共转染 293T 细胞。

第四，转染后 24h 换用新鲜完全培养基。

第五，转染后 48h 收集细胞培养上清液，进行病毒浓缩纯化。

4. 慢病毒感染 Caco - 2 细胞

第一，感染前 1d 将 Caco - 2 细胞铺板到 6 孔板，使感染时细胞密度为 50% 左右。

第二，将 50μl 慢病毒悬液加入 2ml Caco - 2 细胞完全培养基，然后加入 polybrene 至终浓度为 6μg/μl。混合均匀，制备为病毒感染液。

第三，用病毒感染液替换原细胞培养基，放入细胞培养箱培养 24h 后用新鲜培养基替换病毒培养液。

第四，继续培养 48h 提取 RNA 或者加入嘌呤霉素。

5. 提取细胞总 RNA

第一，去除培养基，往 6 孔板细胞培养物中加入 1ml Trizol/孔，反复吹吸使细胞脱落，将细胞裂解物转移至 1.5ml 离心管中。

第二，室温孵育 5min，加入 0.2ml 氯仿，振荡混匀，室温孵育 3min。

第三，4℃，12 000rpm 离心 15min。

第四，将上层无色水相转移到新的离心管，加入 0.5ml 异丙醇，充分混匀，室温孵育 10min。

第五，4℃，12 000rpm 离心 10min。

第六，去除上清液。

第七，加入 1ml 75% 乙醇，漂洗 RNA 沉淀，4℃ 7 000rpm 离心 5min。

第八，去除上清液，室温挥发干净残余液体，加入 20μl 无 RNA 酶的水溶解 RNA 沉淀，用紫外分光光度计定量后备用。

6. 反转录

（1）在冰上配制如下反应物

总 RNA　　　　　　　1μg

Ramdon primer　　　1μl

加水补足　　　　　　12μl

（2）将配好的反应物混匀，短暂离心，65℃孵育5min，立刻冰浴

加入如下试剂：

5×反应Buffer　　　　4μl

RNase抑制剂　　　　 1μl

10mmol/L dNTP Mix　 2μl

M－MLV反转录酶　　 1μl

总体积为20μl。

（3）混匀后短暂离心

42℃水浴60min。

（4）70℃加热5min终止反应

7. Realtime－PCR

（1）引物序列

①内参引物。

GAPDH（H）FCAAGGGCATCCTGGGCTACACT

GAPDH（H）RCTCTCTCTTCCTCTTGTGCTCTTGC

②TfR1引物。

TfR1F：ATTAGGGGTTGCTAAGAAGCGAG

TfR1R：AGGATTGTGACAAAGGTACTGGAA

（2）Realtime－PCR反应体系

上下游引物（10μmol/L）各0.8μl。

cDNA　　1μl。

2×SYBG反应液10μl。

加水补足20μl。

反应条件：预变性94℃ 3min；循环：94℃ 10 s，61℃ 1min，72℃ 1min（35个循环）；延伸72℃ 10min。每轮延伸结束时检测荧光信号。

8. 嘌呤霉素筛选稳定细胞株

用TRC组慢病毒感染Caco－2细胞72h后，加入嘌呤霉素至终浓度为7.5μg/ml。继续培养，每2d洗去死亡细胞，换用新的培养基并添加嘌呤霉素。培养5d后未转病毒对照组细胞全部死亡。将细胞转移至25cm^{2}培养瓶继续培养。

每 3d 传代 1 次。传代 5 次后提取 RNA 检测 TfR1 表达。

9. Caco - 2 细胞 *TfR*1 基因的沉默结果

（1）慢病毒感染 Caco - 2 细胞后总的 RNA 提取

Caco - 2 细胞总的 RNA 提取结果如图 5 - 1 所示。

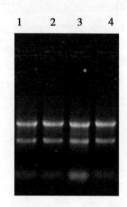

图 5 - 1　慢病毒感染 Caco - 2 细胞后提取细胞总的 RNA

(1. 野生 Caco - 2 细胞；2. TW；3. TC；4. TRC)

实验首先设计了 3 条干扰序列，通过与 Caco - 2 细胞 *TfR*1 基因的 mRNA 作用后，影响其表达。经过 RNA 提取步骤后，可以看到实验组与对照组均有 28s，18s，5s 3 条带，说明 RNA 提取成功，可以进行下一步的 PCR 实验。

（2）Realtime - PCR 检测结果

如表 5 - 2 所示。

表 5 - 2　各组的基因表达量

组别	CT 均值（GAPDH）	CT 均值（TfR1）
TC	11. 21	19. 09
TW	11. 30	19. 80
TRC	11. 11	19. 70
Control	11. 65	15. 09

计算 *TfR*1 基因表达改变倍数。

改变倍数（FC）＝ 2 - ΔΔCT。

ΔΔCT ＝（CT 靶基因 – CT 内参）RNAi 组 –（CT 靶基因 – CT 内参）

control 组。

实验显示 *TfR*1 基因 mRNA 相对表达量如图 5－2 所示。

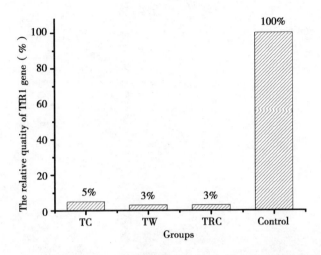

图 5－2　Caco－2 细胞 *TfR*1 基因 mRNA 相对表达量

Realtime－PCR 结果显示，以正常对照组的 *TfR*1 基因表达为 100% 计，3 个干扰组的基因表达依次为：TC，5%；TW，3%；TRC，3%。这表明 3 个实验组相较于正常组，其 *TfR*1 基因的表达均下降，说明 *TfR*1 基因已经被沉默。

（3）嘌呤霉素筛选稳定细胞株

用 TRC 组慢病毒感染 Caco－2 细胞 72h 后，加入嘌呤霉素至终浓度为 7.5μg/ml。继续培养，每 2d 洗去死亡细胞，换用新的培养基并添加嘌呤霉素。培养 5d 后未转病毒对照组细胞全部死亡。将细胞转移至 25cm^2 培养瓶继续培养。每 3d 传代 1 次。传代 5 次后提取 RNA，检测 *TfR*1 基因的表达。

检测结果如图 5－3 所示。

表 5－3　嘌呤霉素筛选稳定细胞株后各组的基因表达量

组别	CT 均值（GAPDH）	CT 均值（TfR1）
TRC	13.98	21.64
Control	13.80	16.04

计算 TfR1 基因表达改变倍数。

改变倍数（FC）＝ 2－ΔΔCT。

ΔΔCT =（CT 靶基因 – CT 内参）RNAi 组 –（CT 靶基因 – CT 内参）control 组。

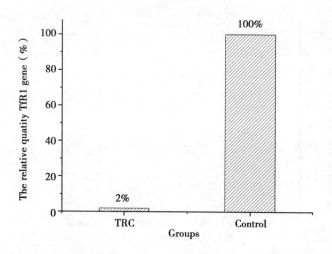

图 5 – 3　嘌呤霉素筛选后 Caco – 2 细胞 *TfR*1 基因 mRNA 相对表达量

嘌呤霉素筛选稳定细胞株后，同样提取总的 RNA 后进行反转录及 PCR 扩增，经过计算 *TfR*1 基因表达改变的倍数，发现干扰组 TRC 组的 *TfR*1 基因表达量远远低于正常组，显示筛选得到的稳定细胞株的 *TfR*1 基因是已经沉默的。

二、Caco – 2 细胞的补铁实验研究

（一）铁蛋白补铁的细胞实验

当 Caco – 2 细胞在 Transwell 板上培养到 1 周后，隔天测定其单层电阻值，如果大于 $500\Omega/cm^2$，表明其已具有足够的紧密性和完整性，可用来进行吸收实验。

电阻值 =（各个孔的电阻值 – 对照孔的电阻值）× Transwell 膜面积

吸取上层和下层的培养基，用 PBS 缓冲液将各孔上下层各清洗 3 遍，上层加入 0.5ml 待吸收的样品溶液，下层加入 1.5mlHank's 液，将 Transwell 板置于培养箱中，1.5 h 后取出，弃掉上层液体，并用 0.5ml Stop Solution 清洗 3 次，均弃掉，收集下层液体；各孔下层用 1ml Stop Solution 清洗 1 次，清洗液体与下层液体收集在一起；最后用 0.5ml 1mol/L NaOH 清洗细胞层 3 次，单独收集，作为上层，各孔所收集的上、下层液体混合后于 – 20℃冷冻保存，采用湿法微波消化，再用电感耦合等离子体原子发射光谱（ICP – AES）进行铁含量的检测。

$$\text{铁的生物利用率（\%）} = \frac{\text{细胞吸收后透过下层及保留在细胞中的铁量}}{\text{总强化铁量}} \times 100$$

（二）统计学分析

实验结果通过 SPSS 软件 13.0（SPSS Inc.，Chicago，IL，USA）进行分析，同一样品处理的两组间进行比较，采用 t 检验，$P < 0.05$ 为差异具有统计学意义；Caco-2 细胞吸收不同样品中铁的能力采用单因素方差分析，同样以 $P < 0.05$ 认为各组具有统计学差异，采用 LSD 检验来判断组别间两两比较是否有统计学差异。

（三）植物铁蛋白补铁的细胞实验结果

各孔所收集的上、下两层液体混合后分别于 -20℃冷冻保存，采用湿法微波消化，再用电感耦合等离子体原子发射光谱（ICP-AES）进行铁含量的检测。结果如表 5-4 所示。

表 5-4　各组细胞对于不同来源铁的生物利用率（%）

组别	野生型 Caco-2 细胞	TfR1 沉默的细胞
FeSO₄	2.03 ± 0.01 *#	1.32 ± 0.11 #
PSF	0.14 ± 0.01 *	0.10 ± 0.01
SSF	2.06 ± 0.02 *#	1.33 ± 0.01 #
BBSF	0.18 ± 0.03 *	0.04 ± 0.01
rH1	0.05 ± 0.03 *	0
rH2	0.06 ± 0.01 *	0

* 与 TfR1 沉默细胞相比，$P < 0.05$.

与 PSF，BBSF，rH1，rH2 相比，$P < 0.05$.

实验结果经 SPSS 13.0 软件统计分析显示，经过 t 检验，野生型的 Caco-2 细胞对于上述 6 种补铁样品的铁的生物利用率均高于 TfR1 沉默的细胞（$P < 0.05$）。对于正常 Caco-2 细胞和 TfR1 沉默的细胞，其对于 FeSO₄ 和 SSF 的铁的生物利用率均高于其他补充蛋白（$P < 0.05$），而 FeSO₄ 和 SSF 二者对于细胞的补铁效果差异没有统计学意义（$P > 0.05$）。

实验结果显示，TfR1 基因的沉默，使细胞吸收 Fe^{2+} 和铁蛋白能力均降低了。目前已经知道，TfR1 可以和转铁蛋白结合，将铁转运入细胞内，因此，将 TfR1 沉默后，可能阻断了转铁蛋白受体——转铁蛋白途径的铁转运，因而会影响 FeSO₄ 的铁吸收能力；此外，也可能是由于 TfR1 基因的沉默影响到 DMT1 受体的功能。TfR1 是 H 型铁蛋白的受体，通过表中数据我们看到 *TfR*1 基因沉默的细胞对于几种铁蛋白的铁的生物利用率均有所降低，其中，对 PSF 下降约 28%，对 SSF 下降约 35%，对 BBSF 下降约 77%，这显示了 TfR1 能够影响植物铁蛋白的铁进入细胞。

另外，实验结果还显示 SSF 的铁的生物利用率均高于其他补铁蛋白，与 FeSO$_4$ 的补铁效果二者之间差异没有统计学意义。实验是以恒量的铁（500μmol/L）进行补铁实验，因此加入细胞中的蛋白浓度会有所差异，但是，根据表 5 – 4 中数据可见，SSF 的铁的吸收利用率是其他蛋白的 10 倍以上，因此，推测这一影响不是主要因素。几种铁蛋白的亚基组成有很大差异，笔者推测细胞吸收铁蛋白还和铁蛋白的亚基组成有很大关系。

Caco – 2 细胞模型是最近十几年来国外广泛采用的一种研究药物小肠吸收的体外模型，具有相对简单、重复性较好、应用范围较广的特点。其来源于人的直肠癌，结构和功能类似于人小肠上皮细胞，并含有与小肠刷状缘上皮相关的酶系。在细胞培养条件下，生长在多孔的可渗透聚碳酸酯膜上的细胞可融合并分化为肠上皮细胞，形成连续的单层，这与正常的成熟小肠上皮细胞在体外培育过程中出现反分化的情况不同。细胞亚显微结构研究表明，Caco – 2 细胞与人小肠上皮细胞在形态学上相似，具有相同的细胞极性和紧密连接（杨秀伟等，2007；Pinto et al.，1983）。胞饮功能的检测也表明，Caco – 2 细胞与人小肠上皮细胞类似，这些性质可以恒定维持约 20d。由于 Caco – 2 细胞性质类似小肠上皮细胞，因此可以在这段时间进行药物的跨膜转运实验。

另外，存在于正常小肠上皮中的各种转运系统、代谢酶等在 Caco – 2 细胞中大多也有相同的表达，如细胞色素 P450 同工酶、谷氨酰胺转肽酶、碱性磷酸酶、蔗糖酶、葡萄糖醛酸酶及糖、氨基酸、二肽、维生素 B$_{12}$ 等多种主动转运系统在 Caco – 2 细胞中都有与小肠上皮细胞类似的表达。由于其含有各种胃肠道代谢酶，因此更接近药物在人体内吸收的实际环境（Sambruy et al.，2001）。

尽管 Caco – 2 细胞模型尚存在不足，如细胞培养时间过长（21d）；该模型本身为纯细胞系，缺乏在小肠上皮细胞中的黏液层；缺少细胞培养标准以及试验操作标准，使结果有时缺乏可比性；由于 Caco – 2 细胞来源于人结肠，因而该细胞的转运特性、酶的表达以及跨膜电阻相对更能反映结肠细胞而非小肠细胞等等。但是，不可否认的是，建立与应用 Caco – 2 细胞模型可以被认为是药物吸收研究方面取得的重要成就，而且随着改进细胞模型的建立和培养装置、检测设备等新技术的应用，其在研究矿物质营养吸收研究中必将发挥出重要作用（Johnson et al.，2005；Argyri et al.，2009；Argyri et al.，2007；Serfass et al.，2003）。

由于植物铁蛋白（如大豆铁蛋白）与动物铁蛋白结构的不同，使得植物铁蛋白具有其独特的性质。目前已经有研究显示转铁蛋白受体-1（Transferrin receptor-1，TfR-1）对 H 型铁蛋白是特异性的，而植物铁蛋白只含有 H 型亚基，和动物的 H 型亚基具有 40% 的序列相似性（Chen et al.，2005；Chakravarti et al.，2005；Todorich et al.，2008），属于新的铁蛋白受体（San Martin et al.，2008）。转铁蛋白只是部分抑制 H 型铁蛋白结合到受体上，这一结果显示铁蛋白和转铁蛋白二者与转铁蛋白受体的结合位点是不重叠的。因此，TfR-1 是否能够影响植物铁蛋白的铁吸收，需要我们进一步探讨。

为了阐明这一问题，本章节利用之前纯化的大豆铁蛋白、蚕豆铁蛋白、豌豆铁蛋白以及重组大豆 H-1 和 H-2 蛋白（装入铁核后的蛋白）进行细胞补铁实验研究。同时将野生型 Caco-2 细胞的 TfR1 基因沉默后，研究其对几种豆类铁蛋白的铁吸收活性，并且将其与正常的 Caco-2 细胞的铁吸收能力进行比较。

实验首先利用分子生物学的方法，通过设计干扰序列进而利用慢病毒转染的方式使 Caco-2 细胞的 TfR1 基因的表达量降低后，接着用嘌呤霉素筛选稳定的细胞株，结果如图 5-3 所示。实验结果显示已经得到了稳定的 TfR1 基因沉默的 Caco-2 细胞株。接着我们将含有 500μmol/L 的各种含铁溶液加入含有正常 Caco-2 细胞和 TfR1 基因沉默的 Caco-2 细胞的 Transwell 板的孔内，经过细胞的吸收实验后，发现野生型的 Caco-2 细胞对于上述 6 种补铁样品的铁的生物利用率均高于 TfR1 沉默的细胞（$P < 0.05$）。如前所述，小肠黏膜的肠腔面主要有 DMT-1 受体和 Paraferritin 吸收铁，进入细胞后的铁会根据机体的情况进行储存或者是释放铁至血液中，这一过程中铁蛋白主要起到储存铁的功能。在肠黏膜细胞的基底面分布有 TfR1 等转运铁的受体，可以将细胞外液中的铁和转铁蛋白结合后通过 TfR1 的转运将铁运入细胞当中，这是目前普遍接受的小肠黏膜吸收机制（李月英等，2005）。正常 Caco-2 细胞对于上述几种植物铁蛋白补铁样品的铁的生物利用率明显高于 TfR1 沉默的细胞，这说明了 TfR1 的沉默影响了植物铁蛋白的铁吸收。

对于 $FeSO_4$，正常 Caco - 2 细胞对其铁生物利用率同样高于 TfR1 基因沉默的 Caco - 2 细胞，目前已知小肠黏膜对于二价金属离子主要由 DMT - 1 受体来吸收，将 *TfR*1 基因沉默后，会影响到 Fe^{2+} 的吸收，可能是由于 TfR1 的沉默使与转铁蛋白结合的铁无法转运入细胞，因此，也会使一部分铁的吸收降低，另外，TfR1 的沉默使 DMT - 1 受体的功能下降可能也是其铁吸收效率降低的一个因素。

另外，实验还发现不论是正常的 Caco - 2 细胞还是 *TfR*1 基因沉默的 Caco - 2 细胞，对于大豆铁蛋白（SSF）具有很高的吸收力，与 $FeSO_4$ 的吸收没有差异（$P > 0.05$），而其他豆类铁蛋白与之相比，吸收力均明显降低，差异具有统计学意义（$P < 0.05$）。笔者推断，这是由于铁蛋白的亚基组成不同导致其铁被吸收的难易程度也不同。已经报道三倍轴和四倍轴通道主要负责铁离子进出铁蛋白（Crichton et al. , 1996；Masuda et al. , 2001），为了验证铁蛋白的还原释放铁的能力与其铁吸收性质是否呈一定关系，笔者在上一章中将几种铁蛋白在以维生素 C 为还原剂的情况下，研究了它们各自的还原释放能力，结果发现，含有 H2 含量最高的蚕豆铁蛋白具有最高的铁释放活性，而大豆铁蛋白的铁释放能力较之最差。但是，在 Caco - 2 细胞吸收铁的实验中，笔者发现的大豆铁蛋白具有很高的吸收力，其吸收的铁量为其他蛋白的 10 倍以上。由此可见，细胞吸收铁蛋白中的铁与其还原释放速率是没有关系的。

此外，实验操作过程中，由于不同蛋白质所含铁量不同，因而实验过程中加入的蛋白质摩尔数也是不同的，这可能也是导致细胞吸收铁有差异的一个原因，但是，从表 5 - 4 中可以看到，大豆铁蛋白的铁生物利用率比其他蛋白要高出 10 倍以上，所以可以认为蛋白质浓度的不同能够起到一些影响，但不是主要因素。

实验还发现，对于重组的 H - 1 蛋白和 H - 2 蛋白，*TfR*1 基因沉默的 Caco - 2 细胞对其铁的生物利用率几乎没有，这也可以说明细胞吸收铁蛋白与其亚基组成相关，天然铁蛋白的组成相较于重组铁蛋白更有利于其铁的吸收。

总之，本章节研究发现，将 Caco - 2 细胞的 *TfR*1 基因沉默掉后，不论是硫酸亚铁还是植物铁蛋白中铁的生物利用率都有所降低，这说明 TfR1 的沉默可以影响植物铁蛋白的铁吸收。实验还发现，Caco - 2 细胞吸收植物铁蛋白中的铁，其吸收的效率与铁蛋白的亚基组成有关，具体机制有待进一步探讨。

第六章 大豆铁蛋白的动物水平补铁效果评价以及原花青素对补铁效果的影响

铁是几乎所有生物体所必需的元素。铁含量在地壳中居第 4 位，但在生物体中的含量则很低，这与 Fe^{3+} 易形成难溶的化合物导致生物对铁的吸收和利用程度降低有关。虽然土壤中含有大量的铁，但在干旱和半干旱的石灰性土壤上生长的双子叶植物和非禾本科单子叶植物却经常表现出缺铁症状，铁营养失调成为限制植物正常生长发育的重要因素之一。

据统计，全世界有1/3的土壤是石灰性土壤，约40%的土壤缺铁，植物缺铁黄化已成为世界性营养失调问题，植物缺铁，可引起叶绿素合成受阻，从而导致叶片黄化，光合作用降低，最终造成产量和品质的重大损失，因此，改善植物储存铁的能力，提高植物的铁营养成分，是解决这个问题的有效途径。铁缺乏时也会影响动物的生长发育，甚至导致一些缺乏铁的综合征，如毛皮动物等对铁缺乏特别敏感，尤其是新生仔兽，易患原发性缺铁病，导致缺铁性贫血。而且对人类来说，铁缺乏是当今世界最为严重的营养缺乏症之一，也是引致贫血的主要原因之一，而解决人类缺铁的问题首先要解决植物缺铁的问题。目前，还不能通过施肥来解决，只能靠植物自身吸收利用铁能力的提高来解决。缺铁性贫血是当今世界的一个主要的公共营养问题。在发展中国家，怀孕妇女以及儿童是受影响最多的人群。缺铁可以导致孕妇抵抗力降低，儿童发育和成长迟缓。

据世界卫生组织 2007 年统计，全世界约有 30 亿人不同程度贫血，每年因患贫血导致各类疾病而死亡的人数上千万。2007 年，中国居民营养与健康状况调查报告显示，我国有 2 亿多人患缺铁性贫血，平均贫血患病率为 20.1% 。因此，改善铁营养状况，开发天然高效的补铁功能食品是世界也是我国迫切需要解决的问题。

第一节　植物缺铁概述

植物缺铁是世界农业生产中面临的一个严重而普遍的问题。关于铁在植物体内的营养以及缺铁的生理机制一直是植物营养学家关心的问题。

一、铁元素在土壤中的含量

铁是植物所必需的微量营养元素之一，大多数植物的含铁量为 $100 \sim 300mg/kg$（干重），且常随植物种类和植株部位的不同而有差别。铁元素参与植物体内多种生理功能，尽管在多数土壤中全铁的含量并不低，但可被植物吸收利用的可溶性铁含量却很低。土壤溶液中的铁浓度为 $10^{-20} \sim 10^{-6}mg/L$，在石灰性土壤中约为 $10^{-10}mol/L$，主要以三价铁的氧化物，氢氧化物、碳酸盐的形态存在。铁的溶解度受 pH 值的影响很大，pH 值每降低一个单位，铁的溶解度约增加 1 000 倍，可溶性铁在 pH 值为 $6.5 \sim 8.0$ 时达到最低，当 pH 值 >7.5 时，铁的溶解度降低到 $10^{-20}mol/L$。全世界有 $25\% \sim 30\%$ 的土壤存在潜在缺铁的问题，且缺铁土壤大多是干旱、半干旱地区的石灰性土壤。

二、植物缺铁反应机理及其影响因素

（一）植物缺铁时的变化

植物缺铁时在形态上会有根系生长增加、根尖膨大、增粗、产生大量根毛、表面积扩大；根的外表皮细胞和根毛中形成大量转移细胞的变化。生理上则植物的根向外分泌 H^+ 能力显著增加；酚类等还原物质的分泌量增多；有机酸的分泌量也增加；根系对 Fe^{3+} 的还原能力增强。

（二）植物适应性缺铁反应机制

植物铁能够以 Fe^{2+}、Fe^{3+} 或铁的螯合物形式被植物根系所吸收，但是，Fe^{2+} 是植物吸收利用的主要形式，Fe^{3+} 只有在根的表面还原成 Fe^{2+} 以后才能被吸收。根据植物对缺铁的反应机制不同，可分为以下两种适应机理：Strategy I 双子叶和非禾本科单子叶植物缺铁及 Strategy II 禾本科单子叶植物在缺铁条件下的反应机制（见本书第二章内容）。通过对植物缺铁适应机制的研究，确定控制这些性状的基因，可以为人们选育植物营养高效利用型的物种提供帮助。

(三) 影响植物吸收利用铁的主要环境因素

1. 石灰性土壤中 HCO_3^-

在石灰性土壤中，最易发生缺铁失绿症状，HCO_3^- 导致植物缺铁失绿机理一直是国内外植物营养学家研究的热点。HCO_3^- 导致植物缺铁黄化是由于根中铁的获得受阻，而不是叶中的铁失活。在石灰性土壤上，$CaCO_3$ 含量较高，由根呼吸产生的 CO_2 与根际土壤颗粒水溶液中溶解的 $CaCO_3$ 生成 HCO_3^- 中和由膜内泵向膜外的 H^+，导致膜外 pH 值升高，而 Fe^{3+} 由膜内向膜外运输受膜上的 Fe^{3+} 还原酶的调节，当 pH 值上升时铁的转运受到限制。HCO_3^- 的浓度也与 CO_2 分压和土壤紧实度有关，当土壤中的 CO_2 分压较高或土壤结构紧实时，植物根呼吸不良，氧气缺乏，CO_2 分压较高，引起 HCO_3^- 浓度增大、pH 值升高。HCO_3^- 在土壤溶液中有较强的 pH 值缓冲能力，其毒害作用较难逆转。研究还发现，在石灰性土壤上，缺铁失绿叶片中铁的含量并不低，甚至比正常的叶片还高。HCO_3^- 影响植物对铁的吸收利用可能抑制铁从根部向地上部运输，导致在根中积累；或者影响铁在叶片中的利用导致铁在叶片中累积，而不能被植物所利用。

2. 不同形态的氮肥

供应植物不同氮素形态的肥料对植物吸收铁有不同的影响。供应 $NH_4^+ - N$ 时植物吸收的阳离子大于阴离子，体内外的阴阳离子不平衡，为达到体内电荷平衡，根系释放出 H^+，使植物根际酸化，增加铁的有效性，与此同时质外体空间的 pH 值也下降，有利于铁由根向上运输。供应 $NO_3^- - N$ 时，植物吸收的阴离子量大于阳离子的量，植物根系会向外释放 HCO_3^- 或 OH^-，使根际 pH 值升高，与提供 $NH_4^+ - N$ 过程相反，不利于根对铁的吸收。但是，供应 $NO_3^- - N$ 时植物根际的 pH 值变化幅度不如供应 $NH_4^+ - N$ 的变幅大，后者 pH 值可以下降 $2 \sim 3.5$ 个单位。

3. 微生物

研究表明，在未灭菌土壤上的植株生长情况比灭菌后土壤上生长的好，并未显示缺铁症状，根内的铁含量较高。灭菌处理后麦根酸类植物铁载体产生被抑制，导致根质外体内铁浓度下降。

4. 外源激素

实验表明，在缺铁失绿的叶片上施用壳梭孢素可以使叶片恢复绿色，但并没改变叶片内的 pH 值，这可能与施用壳梭孢素后刺激质膜上的质子泵活性提高有关。根中高浓度 HCO_3^- 也会降低细胞分裂素向上转移，从而影响蛋白质和叶绿素的合成。

三、铁在体内运输及利用

当 Fe^{2+} 被根吸收后，在大部分的根细胞中可氧化成 Fe^{3+}，并被有机酸（主要是柠檬酸，还有苹果酸等）螯合，通过木质部被运输到地上部。其他高浓度的重金属元素能够把铁从其络合物上取代，影响植物对铁的吸收和运转。植物体内高浓度的 PO_4^{3-} 通过与三价铁离子结合沉淀也影响其有效性的发挥。铁离子在植物体内的移动性较差，缺铁症状通常是从新叶开始，在有可见症状之前，植物体内的代谢已受到影响，只有在叶片尚未发育完全，缺铁胁迫不是太严重时用叶面喷施或土壤施肥的办法来矫正才有效。

总之，如何提高植物对铁元素的利用效率，解决植物缺铁黄化问题，一直是这一领域研究的热点，且目前已经取得了不少进展，但尚存在一些问题和困难。如缺铁植物中吸收的铁元素究竟是在质外体还是在细胞质中被沉淀，是发生在根中还是在叶片中，目前，尚无直接的证据，仅仅是通过 pH 值等间接的手段来证明的；铁在韧皮部的运转以及在植物体内的再利用等方面都需进一步加以研究证实。近年来随着人们对微量元素的需求的增加，铁在植物体内运输、分配和同化利用，铁的累积生理机制，铁高效利用和富积的基因型的选育正引起国内外植物营养学家和育种学家的广泛兴趣。

第二节　缺铁性贫血概述

缺铁性贫血（Iron deficiency anemia，IDA）是由于体内缺少铁质而影响血红蛋白合成所引起的一种常见贫血。这种贫血特点是骨髓、肝、脾及其他组织中缺乏可染色铁，血清铁浓度和血清转铁蛋白饱和度均降低。典型病例贫血属于小细胞低色素型。本病是贫血中常见类型，普遍存在于世界各地。在生育年龄妇女（特别是孕妇）和婴幼儿这种贫血的发病率很高，主要的危险因素：月经期妇女为月经过多，青少年为营养因素，中老年缺铁性贫血患者应警惕消化道肿瘤。此病在钩虫病流行地区不但多见，而且贫血程度也比较严重。本病发生没有明显的季节性，治愈率为80%。缺铁性贫血的原因：一是铁的需要量增加而摄入不足；二是铁的吸收不良；

三是失血过多等，均会影响血红蛋白和红细胞生存而发生贫血。

肝、脾、骨髓等单核－巨噬细胞系统含铁量约 1 000mg，可供人体制造 1/3 血容量的血红蛋白之用，而且血红蛋白分解释放的铁也几乎全部为人体所重复利用。短时性食物铁的缺乏，一般都很少引发缺铁性疾病。

一、缺铁性贫血的影响因素

1. 需铁量增加而摄入量不足

儿童在生长期和婴儿哺乳期需铁量增加，尤其是早产儿、孪生儿或母亲原有贫血者。婴儿原来铁储量已不足，如果仅以含铁较少的人乳喂养，出牙后又不及时补给蛋类、青菜类、肉类和动物肝等含铁较多的副食品，即可导致缺铁性贫血。妊娠和哺乳期中需铁量增加，加之妊娠期胃肠功能紊乱，胃酸缺乏，影响铁吸收，尤其是在多次妊娠后，很容易引起缺铁性贫血。青少年因生长迅速，需铁量增加，尤以青年妇女，由于月经失血，若长期所食食物含铁不足，也可发生缺铁。

2. 贮存铁消耗过多

由于体内总铁量的 2/3 存在于红细胞内，因此，反复、多量失血可显著消耗体内铁贮量。钩虫病引起慢性少量肠道出血、上消化道溃疡反复多次出血、多年肛肠出血或妇女月经量过多等长期的损失，最终导致体内铁贮量不足，以致发生缺铁性贫血。

3. 游离铁丧失过多

激离铁可随胃肠道上皮细胞衰老和不断脱落而丧失。在萎缩性胃炎、胃大部切除以及脂肪泻时，上皮细胞更新率加快，所以，游离铁丧失也增多。缺铁不仅引起血红素合成减少，而且由于红细胞内含铁酶（如细胞色素氧化酶等）活性降低，影响电子传递系统，可引起脂质、蛋白质及糖代谢异常，导致红细胞异常，易于在脾内破坏而缩短其生命期。

二、缺铁性贫血的分期

1. 隐性缺铁期

缺铁性贫血时，体内缺铁变化是一个渐进的发展过程。在缺铁初始仅有储存铁减少，即在骨髓、肝、脾及其他组织储存备用的铁蛋白及含铁血黄素减少，血清铁不降低，红细胞数量和血红蛋白含量也维持在正常范围，细胞内含铁酶类亦不减少。当贮存铁耗尽，血清铁降低时，可仍无贫血表现，本阶段称缺铁潜伏期。

2. 缺铁性贫血早期

当贮存铁、血清铁开始下降，铁饱和度降至15%以下，骨髓红细胞可利用铁减少，红细胞生成受到限制，则呈正细胞性正色素性贫血，临床上开始表现轻度贫血症状。

3. 重度缺铁性贫血

当骨髓幼红细胞可利用铁完全缺乏，各种细胞含铁酶亦渐缺乏，血清铁亦下降或显著降低，铁饱和度降低至10%左右，骨髓中红细胞系统呈代偿性增生，此时临床表现为小细胞低色素的中、重度缺铁性贫血。缺铁性贫血的轻重主要决定于贫血程度及其发生速度。急性失血发病迅速，即使贫血程度不重，也会引起明显的临床症状，而慢性贫血由于发病缓慢，人体通过调节能逐步适应而不出现症状。人体发生缺铁性贫血后面色萎黄或苍白，倦怠乏力，食欲减退，恶心嗳气，腹胀腹泻，吞咽困难。头晕耳鸣，甚则晕厥，稍活动即感气急，心悸不适。在伴有冠状动脉硬化患者，可促发心绞痛。妇女可有月经不调、闭经等。久病者可有指甲皱缩、不光滑、反甲，皮肤干枯，毛发干燥脱落。心动过速，心脏强烈搏动，心尖部或肺动瓣区可听到收缩期杂音。出现严重贫血可导致充血性心力衰竭，也可发生浮肿。还可有舌炎、口角破裂。严重持久的贫血可导致贫血性心脏病，甚至心衰。

三、缺铁性贫血诊断依据

第一，血象。轻度贫血为正细胞正色素性贫血。重度贫血为典型小细胞低色素性贫血，红细胞平均体积（MCV）＜80fl、红细胞平均血红蛋白含量（MCH）＜28pg、红细胞平均血红蛋白浓度 MCHC＜30%。镜检血片中红细胞大小不一，小者多见，形态不规则，出现少数椭圆形、靶形和不规则形红细胞，红细胞中心淡染区扩大，甚至变成狭窄环状，网织红细胞多数正常，急性失血时可暂时升高。

第二，骨髓象。骨髓显示细胞增生活跃，主要为幼红细胞增多，幼红细胞体积较小、胞浆发育不平衡。

第三，血清铁。血清铁明显降低。

第四，红细胞原卟啉。因缺铁而血红素合成减少，缺铁性贫血的红细胞游离原卟啉500μg/L（正常200～400μg/L）。

第五，小细胞低色素性贫血。血红蛋白（Hb）男性 小于120g/L，女性小于

110g/L；MCV 小于 80fl，MCH 小于 26pg，MCHC 小于 0.31。

第六，有明确的缺铁病因及临床表现。

第七，血清铁小于 10.7 μmol/L（60μg/dl），总铁结合力大于 64.44μgmol/L（360g/dl）。

第八，运铁蛋白饱和度小于 15%。

第九，骨髓细胞外铁消失，细胞内铁小于 15%。

第十，胞游离原卟啉（FEB）大于 0.9 μmol/L（50g/dl）。

第十一，血清铁蛋白（SF）小于 14μg/L。

第十二，铁剂治疗有效。

第十三，慢性感染性贫血。

第十四，铁粒幼细胞性贫血。

第十五，维生素 B_6 反应性贫血。

第十六，地中海贫血。

四、缺铁性贫血治疗方法

一般来说缺铁性贫血用中医治疗效果较好，但当病人 Hb 小于 60g/L，并有继续出血，单独中药治疗无效时可考虑用西药铁剂治疗，必要时可用肌内注射补铁。

（1）口服铁剂

硫酸亚铁、富马酸铁、枸橼酸铁铵。

（2）注射用铁剂

有胃肠道疾病或急需增加铁供应者可选用右旋糖酐铁和山梨醇铁等。

第三节　原花青素对大豆铁蛋白补铁效果的影响

铁在生命过程中起着很重要的作用，是生物体生存所必需的矿物质元素。缺铁性贫血是当今世界的一个主要的公共营养问题。在发展中国家，怀孕妇女以及儿童是受影响最多的人群。缺铁可以导致孕妇抵抗力降低，儿童发育和成长迟缓。现在的补铁制剂如硫酸亚铁和葡萄糖酸亚铁被认为是最有效的治疗缺铁性贫血的临床用药。然而，硫酸亚铁治疗的副作用有很多，例如，便秘、腹泻和体重下降。另外，亚铁盐的化学形式很容易被其他饮食成分所影响。例如，存在于谷类、豆类中的植酸和存在于茶、咖啡、红酒；蔬菜、药草中的多酚都能螯合植物成分铁盐中的铁，在肠道中形成不溶性复合物，抑制铁的吸收。

到目前为止，在已经发现的植物中，只有豆科类植物是将其90％的铁储藏于种子的铁蛋白中。所以来源于豆科类植物的铁蛋白是一个理想的补铁资源。铁蛋白广泛存在于细菌、动物和植物体内，基于其具有铁储存及调节体内铁平衡的功能，铁蛋白能够将机体内的铁保持在可溶、无毒且生物可利用的形式。铁蛋白是一类由24个亚基组成的球状铁贮藏蛋白，动物和植物铁蛋白在结构和功能上有很大的不同。动物铁蛋白通常包括 H 和 L 亚基，而植物铁蛋白只含有 H 亚基，但通常是由两个不同的基因编码的 H－1 和 H－2 亚基组成。另外，植物铁蛋白每个亚基的 N 端还含有独特的 EP 肽段，因此，每个铁蛋白分子24个亚基含有24个 EP 肽段。大豆铁蛋白每个 EP 大约包含有30个氨基酸。

近期的研究表明，原花青素和铁蛋白结合可以阻止铁蛋白被胃蛋白酶降解，而且原花青素的保护可以提高铁蛋白在肠液中的稳定性。这些发现可以认为，原花青素的保护作用提高了植物铁蛋白在胃肠道中的利用程度。

一、原花青素概述

原花青素（Procyanidins，PAs），又称缩合单宁，是自然界中广泛存在的聚多酚类物质。在植物中，葡萄种子和皮中 PAs 含量最为丰富，葡萄籽 PAs 是由儿茶素、表儿茶素及其没食子酸酯通过 C4－C6 或 C6－C8 键共价相连组成的多聚体，其结构通式如图6－1所示。一般将二、三以及四聚体称为低聚体，五聚体及其以上称为高聚体。目前，已经从葡萄籽和皮中分离鉴定出了16种 PAs，包括8个二聚体、4个三聚体，其余为四聚体、五聚体及六聚体等。研究表明，PAs 是一种很强的抗氧化剂，具有多种生物活性、药理作用和临床疗效，如抗脂质过氧化和清除自由基、保护心血管和预防高血压、抗肿瘤、消炎等功效，另外，PAs 还具有抗衰老、皮肤保健和美容作用，这使得 PAs 已经被广泛应用在医药、保健品及化妆品等许多行业。PAs 的生物学作用基础就是能够清除自由基、易与很多蛋白质或酶结合，从而抑制酶的活性或保护蛋白质被其降解。

原花青素（简称 OPC），是一种有着特殊分子结构的生物类黄酮，是自然界中广泛存在的一大类聚多酚类混合物，广泛分布于植物界，如葡萄、山楂、松树皮、银杏、野生刺葵、番荔枝、贯叶金丝桃等植物中，40多年来人们对众多不

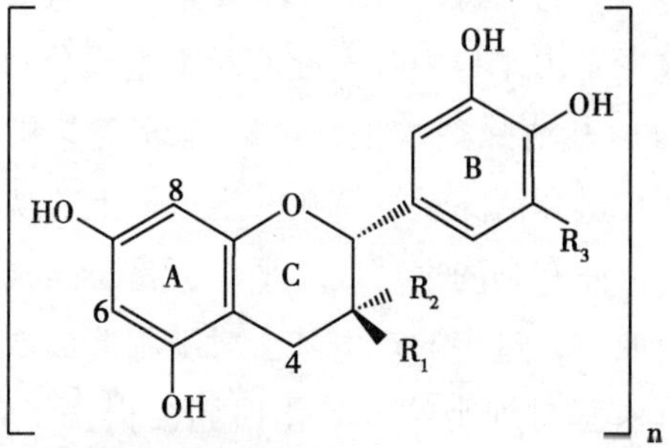

1:R_1=OH,R_2=H,R_3=H((+)–catechin)
2:R_1=H,R_2=OH,R_3=H((–)–epicatechin)
3:R_1=H,R_2=O–galloyl,R_3=H((–)–epicatechin–3–O–gallate)
4:R_1=H,R_2=OH,R_3=OH((–)–epigallocatechin)

图 6 – 1　葡萄籽原花青素的结构通式

同植物中提取出的 OPC 进行了大量研究。人类进入 21 世纪以来，在对 OPC 的发掘和利用上取得了更大的进展。科技人员在中国洪湖野生莲科植物中提取出特殊的莲原花青素，又称莲菁华，被证实是新一代 OPC 的典范，它无论在纯度还是低聚体含量上都具有明显的优势。普通的葡萄籽、松树皮在纯度上只占到 90% 左右，在低聚体含量上最多只有 50% 左右，而莲菁华纯度达到 98% 以上，低聚体含量高达 80% 以上，被称作 "OPC 之王"。因此，它能对其他普通 OPC 无法奏效的小分子自由基和血锈等毒素同时起作用，对预防和治疗高血压、高血脂、脑中风、冠心病、糖尿病、风湿、哮喘、便秘、飞蚊症和白内障等有显著的效果。目前，我国政府已对莲菁华进行了深度研发，并生产出国际上第一个彻底清除自由基的特效莲菁华产品，莲菁华胶囊，使我国在 OPC 的应用领域步入世界先进行列。

20 世纪 50 年代以来，原花青素的药理和保健作用逐渐被发现。原花青素的保健价值综述如下。

1. 清除自由基、抗氧化活性的作用

原花青素具有极强的抗氧化活性，是一种良好的氧游离基清除剂和脂质过氧化抑制剂，具有较强的自由基清除和抗氧化活性。衰老是指生物体发育成熟后，随着年龄的增长，机体在形态、结构、功能方面出现的种种不利变化，衰老是一种正常的生理学过程。对衰老现象的理论解释很多，例如：自由基学说、基因学说和端粒学说等。其中，影响最深的是 1956 年著名学者 Harman 提出的自由基学说，此学说也得到很多研究的支持。自由基主要是 O^-、OH^- 及其活性衍生物 H_2O_2 等。该学说认为，衰老是由于自由基引起的对细胞成分的进攻造成的；维持体内适当的抗氧化剂和自由基清除剂水平，可以延缓衰老和延长寿命。正常情况下，机体内的自由基存在量和清除量维持在一定水平上，从而保证体内各种自由基的浓度维持在一个对机体有利的生理性水平。但是，当某种因素使体内自由基产生过多或清除能力降低时，过多的自由基会对细胞造成严重的破坏。现代医学和营养学研究认为，自由基对细胞的过氧化损坏会损伤 DNA，可引发心脑血管病变、多种炎症和恶性肿瘤，同时也会造成人体衰老，原花青素对自由基的清除作用能够防治由体内活性氧自由基过多所引起的细胞损伤与多种疾病。研究表明，原花青素在体内抗氧化能力是维生素 E（V_E）的 50 倍、维生素 C（V_C）的 20 倍。原花青素含有多个酚性羟基，在体内被氧化后释放。因此，作为天然抗氧化剂和自由基清除剂是原花青素的重要利用途径。

2. 预防治疗心血管疾病

葡萄籽原花青素可明显提高血管的弹性，降低毛细血管的渗透性。随着年龄的增长，动脉中弹性纤维逐渐氧化而变硬。各种血管逐渐失去弹性是导致老年人高血压的最主要原因。患者服用葡萄籽软胶囊一段时间后，血压会明显下降。动物实验及临床研究还表明，葡萄籽胶囊可以降低胆固醇水平，缩小沉积于血管壁上的胆固醇沉积物体积，进而使血管壁细胞得到更多营养而恢复弹性；葡萄籽还可以通过抑制血管紧张逆转酶的活性来降低血压。

3. 抗衰老作用

葡萄籽保健品的流行，和医学上对葡萄籽提取物的研究有着密切关系。研究发现，葡萄籽提取物具有清除自由基、抗氧化等作用，不少美国厂家抓住这一点，陆续开发了各种葡萄籽保健产品。目前，美国专家比较认可的葡萄籽的保健作用，主要来自于其中含有的一种被叫作"原花青素（OPC）"的成分。这种物质是一种强抗氧化剂，可以清除人体内有毒的自由基，保护细胞组织免受自由基的氧化损伤。一些医学研究显示，含有原花青素的制剂具有抗衰老、防癌作用，对心血管系统的健康有益。此外，动物实验还表明，葡萄籽产品具有抗前列腺癌、抗肝脏肿瘤作用，还可以对抗神经系统的损伤。一项小样本的人群研究发现，葡萄籽产品还具有使部分人降低胆固醇、改善血液循环系统的功能。另有研究显示，葡萄籽有利于皮肤健康，能使皮肤保持弹性。近年来，美国人的保健观念有所改变。过去，人们都认为只有依靠药物才能防病治病。但现在，越来越多的人愿意从食物或其他天然物质中寻找有益健康的成分。葡萄籽保健品便是能满足人们这一观念变化的天然产品。

4. 滋润皮肤

皮肤属于结缔组织，其中所含有的胶原蛋白和硬弹性蛋白对皮肤的整个结构起着重要的作用。OPC 对皮肤起双重作用：一方面，它可促进胶原蛋白形成适度交联；另一方面，它作为一种有效的自由基清除剂，可预防胶原蛋白"过度交联"这种反常生理状况的发生，从而也就阻止了皮肤皱纹和囊泡的出现，保持皮肤的柔顺光滑。硬弹性蛋白可被自由基或硬弹性蛋白酶所降解，缺乏硬弹性蛋白的皮肤松弛无力，像褶皱的衣服披在身上。OPC 还可以稳定胶原蛋白和硬弹性蛋白，在根本上改善皮肤弹性。自由基产生于机体正常的氧代谢，心脏机体暴露于一些化学物质（如化妆品、化学制剂等），环境污染、寄生虫和饮食脂肪等情况下。随着年龄的增长，人体内的自由基会大量出现，并且人体内清除自由基能力和抗氧化能力有所下降，自由基攻击细胞，摧毁细胞膜，导致细胞死亡和细胞膜发生变性，使得细胞不能从外部吸收营养，也排泄不出细胞内的代谢废物，长期积累形成黑色素，造成皮肤色斑、黄褐斑、蝴蝶斑和老年斑等各种斑的形成。OPC 是迄今为止所发现的最强效的自由基清除剂，其抗自由基氧化能力是维生素 C 的 20 倍，维生素 E 的 50 倍，尤其是其所具有体内活性，更是其他抗氧化剂无法比拟的，因而 OPC 的祛斑效果绝佳。

5. PMS（月经前综合症）

每一位妇女都不会对 PMS（Premenstrual syndrome）感到陌生。PMS 一般的症状表现为，疼痛、乳房肿胀、腹部不平坦、脸部浮肿、骨盆不定性疼痛、体重增加、腿部功能紊乱、情绪不稳定、兴奋、易怒、情绪低落以及神经性头疼等，这些症状源于肌体对体内雌激素和孕激素水平正常生理性变化的敏感性增高所致。研究表明，每天服用 200mg 葡萄多酚原花青素，2 个月经周期后，61% 的参加研究人员的这种生理失调消失，4 个周期后，79% 的人员不适症消失。

6. 其他保健功能

葡萄多酚原花青素可明显提高血管的弹性，降低毛细血管的渗透性。随着年龄的增长，动脉中弹性纤维逐渐氧化而变硬。各种血管逐渐失去弹性是导致老年人高血压的最主要原因。患者服用葡萄多酚原花青素一段时间后，血压会明显下降。动物实验及临床研究还表明，葡萄多酚原花青素可以降低胆固醇水平，缩小沉积于血管壁上的胆固醇沉积物体积，进而使血管壁细胞得到更多营养而恢复弹性；葡萄多酚原花青素还可以通过抑制血管紧张逆转酶的活性来降低血压。

原花青素在食品领域的应用也比较广泛，服用天然植物提取物作为调节身体健康的补充剂已成为时尚。原花青素由于具有以上诸多确切的药物及保健价值，且来源广泛，毒副作用低，既可作为营养强化剂又可作为抗氧化剂，因此，在食品领域的应用十分广泛。主要归纳如下。

1. 防腐剂

原花青素是一种纯天然的防腐添加剂，安全、抗氧化性强，它被广泛用来延长食品的货架期。这不仅符合人们回归自然的要求，而且消除了合成防腐剂可能带来的食品安全风险。此外，原花青素还可作为食品配料或添加剂广泛加入到各种普通食品如蛋糕、奶酪，以及饮料和酒中，增加食品的营养保健功能。根据原花青素的不稳定性，湖南烟村生态农牧科技股份有限公司就研发了一种紫薯饮料（专利申请号：201010501330.0）。其原理是利用紫薯中含有的原花青素可随酸度的变化而使原花青素的颜色也发生改变，所以这种饮料不但具有美容、抗氧化等保健功能，而且还有很好的保护视力的效果，深受消费者欢迎。

2. 保健品

原花青素作为一种超强的清除自由基的天然物质，已经受到广泛的关注，国外已将其广泛用于延缓衰老、调节血压血脂、抗肿瘤和健脑等保健食品中。红葡萄酒的保健作用已得到全世界医学界与食品营养界的公认，其保健功能主要归功于其中含有各种酚类天然抗氧化剂的综合效果。目前，国内外市场上的原花青素功能食品主要是从葡萄籽或松树皮中提取的原花青素低聚物胶囊和片剂，经试验应用证明能有效清除体内自由基，从而预防并治疗与自由基有关的心脏病、动脉硬化、静脉炎等。如美国的 Pana-hfe 葡萄籽抗氧化剂、意大利的 OPCs（葡乐安）、英国的 Pyenoglnol（碧萝芷）、中国的莲菁华原花青素胶囊等。目前，在国内市场已有 PA 保健品上市：四川剑兰春集团从越橘中提取高浓缩 PA，制成天然植物保健品"视明宝"软胶囊，能有效改善视力，迅速恢复视疲劳。蓬莱市海洋生物化工有限公司以葡萄籽和松树皮为原料提取的原花青素其纯度分别达到95% 和90% 以上，是良好的纯天然抗氧化剂、紫外线吸收剂，可作为食品添加剂。聚合 PA 能与皮胶原蛋白形成多点交联，具有靴革性能，是拷胶的有效成分。PA 高聚体是其氧化、缩合后的产物，呈红色，因此被称为红粉，可用于食品和饮料的着色。

3. 各种酒类

富含原花青素的红酒、干红葡萄酒、红葡萄酒叫做原花青素红酒。由于原花青素（简称OPC）又叫葡萄籽提取物，是目前国际公认的消除人体多余自由基最好的纯天然的抗氧化剂，这给寻求神奇的健康长寿力量的人们带来了福音。服用这种酒的好处包括：消除破坏人体机能平衡的罪魁祸首"自由基"；改善血液循环，减轻所有和血液相关的疾病发病率，辅助治疗跟血液有关的疾病；改善视力，缓解夜盲症，防止糖尿病患者白内障手术后的并发症；是最好的"心脏保护剂"，减少冠心病、心脏病、心肌梗塞的发病率；帮助维生素C分解胆固醇，让维生素C在人体中更好的发挥作用；治疗静脉曲张，疏通血管；消除水肿，治疗过敏发炎；滋润皮肤，抗皱美白，是红酒面膜发挥作用的根本原因；减轻妇女经前综合征，预防乳腺癌；抗辐射，减少二手烟的危害等。

4. 葡萄籽油

以油酸聚甘油单酯为表面活性剂，乙醇为助表面活性剂，食用油脂为连续相，制备W/O型（油包水型）葡萄籽原花青素微乳液，当表面活性剂与助表面活性剂之比为4:1时，葡萄籽原花青素添加量达到最大为538μg/ml，分散相质点的平均粒径为23.96nm，形成的微乳液澄清透明，具有较强的抗油脂氧化作用。本发明将水溶性天然抗氧化剂–葡萄籽原花青素添加到食用油中，可以替代TBHQ等油溶性合成抗氧化剂，在食用油生产中更安全、更可靠，既提高了产品的营养性，也增强了其抗氧化性，具有广阔的市场发展前景。添加葡萄籽原花青素微乳液的食用油生产方法，包括以下两个方面。

（1）葡萄籽原花青素乳化液的制备

将油酸聚甘油单酯与乙醇以4:1的比例在20~40℃范围内搅拌混合均匀，按体积比为1%~5%的量逐滴加入葡萄籽原花青素水溶液，边搅拌边加入，直到形成均匀稳定的溶液，用Ultra-Turrax T25高速分散机将葡萄籽原花青素乳化液在20.000rpm条件下分散3~5min，静止1h，待用。

（2）添加葡萄籽原花青素微乳液的食用油生产

调节食用油温度在20~40℃范围内，用搅拌机在1 000rpm条件下搅拌30min，将制备好的葡萄籽原花青素乳化液按照体积比5%~10%的比例缓慢加入食用油中，边加边搅拌，直到油脂澄清无混浊为止，即为添加葡萄籽原花青素微乳液的食用油。

5. 莲菁华胶囊

身体处于发育期的年轻人，由于人体分解、降解与搬运体内毒性物质的能力极强，自由基一般保持在较低的水平，对身体不至造成较大的伤害。25岁后，由于人体机能逐步衰退，自由基便逐渐积累起来，并开始损害人体，通过与体内各类物质的结合，人体体内的"血锈"相应迅速增加，阻塞体内各种血管，并逐渐导致人体各类器官的损伤与机能衰退，逐步使体内沉积的毒素向人体各个方向渗透。于是，便出现了色斑，内分泌失调，心脑血管疾病等一系列疾病，使身体日渐衰老。因此，随着年龄的增长，天然抗氧化剂莲菁华，原花青素胶囊的辅助摄入是极为迫切的。莲菁华的功效包括抗氧化、延缓衰老、调节血脂、血压、血糖，预防和康复"三高"并发症、减毒、排毒、增效防中风、心梗，并快速康复、防癌变、抗过敏、解酒、护肝、明目和美容。

目前，提取原花青素方法有溶剂提取法、水提取法、絮凝澄清法和大孔树脂吸附法等。

（1）溶剂提取法

原花青素是由多羟基黄烷-2-醇单元构成的低聚体和多聚体，由不同数量的儿茶素或表儿茶素结合而成。因此以荔枝核为原料提取原花青素具有广泛的前景，同时为荔枝的综合利用深加工奠定了一定基础。

例1：荔枝核6kg，粉碎后依次用95%、50%乙醇回流提取，提取液减压回收乙醇后加1.5 L水混悬，依次用石油醚、乙酸乙酯萃取，得到乙酸乙酯萃取物90g。经硅胶柱色谱以二氯甲烷-甲醇梯度洗脱，每份收集250ml，共收集408份。经氯仿-丙酮反复柱层析，氯仿-丙酮重结晶纯化，得到原花青素（40mg）。

例2：葡萄籽粉碎，过20目筛后用体积分数70%乙醇多次提取，提取液合并后40℃真空浓缩，蒸去乙醇后加入一定量水，静置12h后过滤除去沉淀，得到澄清的原花青素粗提物水溶液。原花青素粗提物水溶液过 AB-8 树脂吸附后，先用水洗去部分糖、蛋白等组分，再用体积分数30%乙醇洗脱大部分原花青素，洗脱液真空浓缩、干燥，得葡萄籽原花青素提取物，记为 PC 组分，经硫酸-香草醛法测定，其中原花青素干基含量大于95%。

（2）水提取法

水作为提取剂，运用微波技术从葡萄籽中提取原花青素，具有无毒无害、价廉易得及不需回收溶剂等优点。微波技术近年来以其促进反应的高效性和强选择性、操作简便、副产物少、产率高及产物易于提纯等优点，已广泛应用于生化蛋白质水解、有机合成、酯化等反应中，目前，也有文献报道用于天然产物的提取。称取用石油醚脱脂后的一定质量的葡萄籽粉末，加入规定剂量的去离子水，实验温度下用相应功率的微波作用一定时间后，在沸水浴中浸提一定时间，离心，得上清液。量取 1.0ml 上清液，稀释定容后测吸光度。微波辅助提取葡萄籽原花青素的最佳工艺条件为：微波功率中高、料液比 1 : 8（g/ml）、微波作用时间 70s、沸水浴中浸提 80min。微波辅助浸提法所得原花青素的提取率比单用传统水提法提高了约 1 倍。

粗原花青素浓缩溶液制备：马尾松树皮粉在温度 48℃、时间 98min、液料比 25 : 1（ml : g）、乙醇体积分数 60% 下提取，45℃ 下浓缩至无醇并进行冷冻干燥。经测定，其中原花青素的干基含量（纯度）为 25.4%。大孔吸附树脂预处理工艺流程：树脂乙醇浸泡 24h 上柱，用纯水洗涤，50g/L HCl 处理水洗至中性，50g/L NaOH 处理，水洗至中性，体积分数 95% 乙醇洗涤，水洗至洗脱液在 280nm 下无吸收。以 LSA－IO 型大孔吸附树脂纯化粗原花青素，纯度从 25.4% 提高至 88% 以上。

（3）超声波法

葡萄籽主要来源于葡萄酒厂的下脚料，我国葡萄资源丰富，每年有 500 万～700 万 kg 的副产品葡萄籽，若能充分利用这一资源，将会带来很大的经济效益和社会效益。原花青素提取工艺流程：葡萄籽干燥粉碎，石油醚脱脂，酶解提取，减压浓缩提取液，真空干燥沉淀物即得原花青素提取物。取干燥的脱脂葡萄粉 2g，加入 20ml pH 值为 4.5 的缓冲溶液，水浴振荡温度为 50℃，酶解浓度为 1.20%。酶解 60min 后迅速升温至 90～100℃ 充分灭酶 10min，分离并保存上清液。底物加入 60% 乙醇溶液 30ml，50℃ 水浴振荡提取 0.5h，分离并保存上清液。采用 60% 乙醇溶液再次进行提取，合并上清液，室温下过滤，测定原花青素的含量。

为了使原花青素的使用得到推广，在分离分析方面要关注并引进一些新的提取和分析方法，例如逆流色谱技术以及功能膜技术在提纯工艺上的应用，HPLC－EIS－MS 及 HPCE 技术对原花青素组分进行分析鉴定等等。这些方法的引进和使用有助于探索不同资源的原花青素的组分、结构及功能的关系，形成相关的评价体系，为原花青素的开发利用做出有力的推动。

二、野生型大豆铁蛋白粗蛋白粉的分离提取及动物实验

(一) 大豆铁蛋白分离提取

参考已经报道的方法，具体步骤如下。

将 1kg 干大豆种子去杂之后置于 4℃蒸馏水中浸泡过夜 (约 12 h)，加入 3 倍体积含有 1% PVP 的 50mmol/L KH₂PO₄－Na₂HPO₄ (pH 值为 7.5) 并用内切式匀浆机匀浆 2min，200 目滤网过滤。收集滤液在 55℃下加热 15min，4 800g 离心 10min，取上清液。向上清液中加入终浓度为 500mmol/L MgCl₂ 晶体后静置 30min，再加入终浓度为 700mmol/L 柠檬酸三钠晶体并静置 8 h。然后，12 000g 离心 30min，收集褐色沉淀。由于大豆铁蛋白基本不复溶于上清液，加入 3 倍体积上清液冲洗沉淀中的淀粉和核糖体，并 12 000g 离心 5min，弃上清液，反复冲洗 3 次；然后，将沉淀溶于 3 倍体积的提取缓冲液中 (50mmol/L PBS，pH 值为 7.5)，12 000g 离心 5min，重复操作直至沉淀全部溶解，收集并合并上清液 (此沉淀为大豆铁蛋白粗品)。

蛋白质提取过程中除特殊指出，其他步骤均在 4℃以下低温操作。

将得到的粗蛋白冻干后，冻存于 -80 ℃备用。

参照 Laemmli 方法 (1970) 进行 SDS－PAGE 聚丙烯酰胺凝胶电泳。

SDS－PAGE 凝胶浓度为 15%，电泳缓冲液为 Tris－HCl (0.025mol/L，pH 值为 8.3，10% SDS)；样品缓冲溶液中含有 25% 甘油，12.5% 0.5mol/L Tris－HCl pH 值为 6.8，2% SDS，1% 溴酚兰和 5% β－巯基乙醇，每孔点样 15μl，Marker 6μl，充分混合后在 95℃的水浴中保持 5min，然后在常温下下进行电泳.

胶板大小为 80mm (W) × 73mm (H) × 0.75mm (T)。电泳结束后用考马斯亮蓝 (CBB) R-250 染色法进行染色。

SDS－PAGE 电泳蛋白质 Marker 为：磷酸化酶 B (97.4kDa)；牛血清清蛋白 (66.2kDa)；兔肌动蛋白 (43kDa)；牛碳酸酐酶 (31kDa)；胰酶抑制剂 (20.1kDa)；溶菌酶 (14.4kDa)。

通过采用加热 (55℃，15min)、MgCl₂ 和柠檬酸三钠盐析等步骤得到了大豆铁蛋白粗品 (图 6－2)。变性电泳 (SDS-PAGE) 结果表明，大豆铁蛋白是由两种亚基组成，分子量分别约为 26.5kDa 和 28.0kDa (图 6－2B，泳道 1)，分别定义为 H－1 和 H－2，两种亚基比例约为 1∶1，该结果与 Masuda 2001 年文献报道的以及实验室之前的结果相一致。

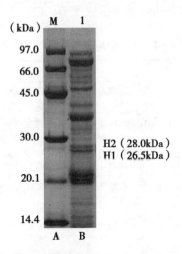

图 6 – 2　SDS – PAGE 凝胶电泳分析天然大豆铁蛋白粗提物

M，分子量标准；1，天然大豆铁蛋白粗提物

（二）大豆铁蛋白粗蛋白粉的成分分析

大豆种子里 90% 的铁是储存于铁蛋白中。原子吸收法分析显示 SSF 粗蛋白品的铁含量是（7.06±0.45）mg/g SSF 粗提物。纯化的 SSF 包含（1 200±240）铁原子/mol SSF。以上的研究显示了在 SSF 粗提物存在的铁蛋白含量，同时已经报道的 SSF 的分子量是 560kDa，所以，SSF 含量在 SSF 粗提物是（58.8±2.4）mg/g。

（三）实验动物的分组

60 只雄性 SD 大鼠（21 天龄）购自解放军军事医学科学院。实验期间饲予大鼠自由的饮食和去离子水。所有的大鼠均饲养在无污染的不锈钢笼子里，光照以 12h 交替，温度为 37℃。实验共分为 6 个组，对照组的大鼠饲养 AIN76A 饮食（Dyets Co. USA），含有 40mgFe/kg 饲料，时间为 8 周。铁缺乏对照组大鼠饲养铁缺乏 – AIN76 饮食（9.35mgFe/kg 饲料），时间同样为 8 周。饲养铁缺乏 – AIN76 饮食 4 周后，检测大鼠的血红蛋白，以血红蛋白 ≤ 100g/dl 判别为缺铁的大鼠模型建立成功。28d 后，贫血大鼠（血红蛋白 ≤ 100g/dl）被分为 4 组（n = 10）：组 1，AIN Fe – 缺乏饮食 + SSF 粗提物组；组 2，AIN Fe – 缺乏饮食 + SSF 粗提物 + PAs 组；组 3，AIN Fe – 缺乏饮食 + PAs 组；组 4，AIN Fe – 缺乏饮食 + $FeSO_4$ 组。每天给予缺铁性贫血大鼠 2mg 铁/kg 体重，给予 PAs 的含量是铁量的 10 倍，时间为 4 周，以供大鼠缺铁性的血象得以恢复。SSF、$FeSO_4$ 和 PAs 分别以溶液的形式通过灌胃的方式给予大鼠（表6-1）。

表6-1　实验各组所用饲料的组成成分

组别	4周	8周
SSF 组	铁缺乏 AIN－76A 饮食（9.35mg 铁/kg 饮食）	铁缺乏 AIN－76A 饮食（9.35mg 铁/kg 饮食）＋2mg 铁/kg 体重/d（SSF 形式）
SSF＋PAs 组	铁缺乏 AIN－76A 饮食（9.35mg 铁/kg 饮食）	铁缺乏 AIN－76A 饮食（9.35mg 铁/kg 饮食）＋2mg 铁/kg 体重/d（SSF 形式）＋20mg 原花青素/kg 体重/d
FeSO₄ 组	铁缺乏 AIN－76A 饮食（9.35mg 铁/kg 饮食）	铁缺乏 AIN－76A 饮食（9.35mg 铁/kg 饮食）＋2mg 铁/kg 体重/d（$FeSO_4$ 形式）
PAs 组	铁缺乏 AIN－76A 饮食（9.35mg 铁/kg 饮食）	铁缺乏 AIN－76A 饮食（9.35mg 铁/kg 饮食）＋20mg 原花青素/kg 体重/d
AIN Fe－缺乏组	铁缺乏 AIN－76A 饮食（9.35mg 铁/kg 饮食）	铁缺乏 AIN－76A 饮食（9.35mg 铁/kg 饮食）
对照组	AIN－76A 饮食（40mg 铁/kg 饮食）	AIN－76A 饮食（40mg 铁/kg 饮食）

给予大鼠4周的缺铁性饮食后，缺铁组大鼠毛发蓬松，缺乏食欲。随着铁的补充，大鼠逐渐恢复，补铁2周后，大鼠状态较缺铁对照组已明显好转。实验进行8周时，所有补充铁剂组的大鼠都恢复到正常水平，而且和正常对照组一样。然而，PAs组的大鼠全部死亡，显示 PAs 加重了缺铁性贫血大鼠的铁缺乏程度（图6-3）。

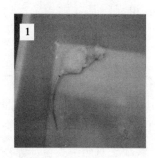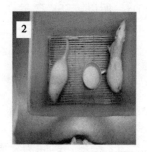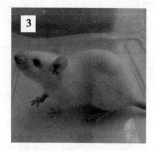

图6-3　大鼠的一般状况

（1，缺铁4周；2，补铁2周；3，补铁4周）

（四）动物实验的处理方法

于实验的第4周和第8周分别称量大鼠的体重，同时在实验进行的第4周和第8周分别从大鼠的尾部收集血液（0.5ml）到已经肝素化的管里。血红蛋白和红细胞数目由 the Spotchem II kit（Arkray Inc.，Japan）测量。在饮食处理后的第4周和第8周分别通过原子吸收法测量血清铁含量（SpectrAA－880，Varian）；

通过放射免疫法测量血清铁蛋白的含量（RICSn-69513，China）。8 周后，处死大鼠并测量其肝脾重量。

（五）统计学分析

实验结果（均数 ± 标准差）通过 SPSS 13.0 软件（SPSS Inc.，Chicago，IL，USA）进行分析。组别间的差异通过单因素分析来检测，$P < 0.05$ 认为各组具有统计学差异。LSD 检验用来检测组别间两两比较是否有统计学差异。

（六）结果

1. 红细胞数目和血红蛋白浓度

实验进行 4 周后，摄入 AIN Fe-缺乏饮食的大鼠红细胞数目和血红蛋白浓度相较于正常对照组下降了 2-3 倍（表 6-2），且具有统计学意义（$P < 0.05$）。8 周后，除了 AIN Fe-缺乏组，SSF、SSF + PAs 和 FeSO₄ 组的红细胞数目和血红蛋白浓度均恢复至正常水平，而且达到正常对照组水平。与 AIN Fe-缺乏组相比，红细胞和血红蛋白的提升是有统计学意义的（$P < 0.05$）。和正常对照组相比，二者已经没有统计学差异（$P > 0.05$）。这些结果显示铁剂的补充对于这三组是有效的。SSF + PAs 组红细胞数目 $[(5.81 \pm 0.22) \times 10^{12}/L]$ 和血红蛋白浓度 $[(100.67 \pm 6.54)\ g/L]$ 低于 SSF 组 $[(6.52 \pm 0.29) \times 10^{12}/L$ 和 $(116.67 \pm 5.68)\ g/L]$，差异具有统计学意义（$P < 0.05$），这一结果显示，PAs 可能会抑制大鼠从 SSF 中吸收铁。

表 6-2　实验进行第 4 周和第 8 周时各组大鼠的红细胞数目和血红蛋白浓度（n = 10）

组别	RBC1	Hb1	RBC2	Hb2
SSF 组	2.39 ± 0.42*	44.22 ± 7.21*	6.52 ± 0.29#	116.67 ± 5.68#
SSF + PAs 组	2.06 ± 0.58*	40.57 ± 12.27*	5.81 ± 0.22#△	100.67 ± 6.54#△
FeSO₄ 组	1.83 ± 0.54*	34.86 ± 10.88*	6.30 ± 0.20#	111.42 ± 7.30#
AIN Fe-缺乏组	2.23 ± 0.56*	42.00 ± 9.82*	2.38 ± 0.18	37.00 ± 5.81
对照组	5.44 ± 1.17	115.67 ± 21.58	5.57 ± 1.07#	119.30 ± 17.25#

* 与对照组相比，$P < 0.05$.

与 AIN Fe-缺乏组相比，$P < 0.05$.

△ 与 SSF 组相比，$P < 0.05$.

（PAs 组的大鼠全部死亡）

2. 血清铁蛋白和血清铁

缺铁性贫血的恢复是通过血清铁和血清铁蛋白来检测的（表 6-3）。结果显示实验进行第 4 周，正常对照组血清铁蛋白的浓度［（48.74 ± 8.31）ng/ml］和血清铁［（43.41 ± 13.50）μmol/L］显著高于其他组（$P < 0.05$）。这显示了缺铁性贫血大鼠模型已经建立成功。8 周实验结束后，SSF 组［（20.98 ± 5.78）ng/ml］、SSF + PAs 组［（23.40 ± 8.40）ng/ml］、FeSO₄组［（27.60 ± 7.56）ng/ml］和 AIN Fe – 缺乏组［（32.48 ± 3.50）ng/ml］血清铁蛋白浓度在同一水平，显示经过 4 周的铁补充对于机体储存铁的恢复是不足的。与之相比，所有实验组的血清铁水平均高于 AIN Fe – 缺乏组，达 3 ~ 8 倍［（3.49 ± 0.75）μmol/L］，差异具有统计学意义（$P < 0.05$）。这一结果同样显示铁补充对于这三组是有意义的。这个结果与表 6 – 2 显示的红细胞计数和血红蛋白结果是相一致的。8 周后，SSF 组的血清铁浓度［（21.43 ± 8.70）μmol/L］是 SSF + PAs 组的 2 倍多［（10.33 ± 4.85）μmol/L］，且差异具有统计学意义（$P < 0.05$）。这一结果显示 PAs 会抑制 SSF 的铁吸收，与上述结果是一致的。

表 6 – 3　实验进行第 4 周和第 8 周时各组大鼠的血清铁蛋白和血清铁的浓度（n = 10）

组别	Ferritin 1	Serum iron 1	Ferritin 2	Serum iron 2
SSF 组	27.47 ± 6.57 *	4.17 ± 0.98 *	20.98 ± 5.78 *	21.43 ± 8.70 * #
SSF + PAs 组	30.61 ± 7.33 *	3.43 ± 0.62 *	23.40 ± 8.40 *	10.33 ± 4.85 *
FeSO₄组	34.11 ± 10.06 *	4.09 ± 0.93 *	27.60 ± 7.56 *	26.65 ± 12.46 #
AIN Fe – 缺乏组	32.48 ± 3.50 *	3.48 ± 0.77 *	24.68 ± 9.55 *	3.49 ± 0.75 *
对照组	48.74 ± 8.31	43.41 ± 13.50	43.32 ± 7.98	47.01 ± 15.30

* 与对照组相比，$P < 0.05$。

与 AIN Fe – 缺乏组相比，$P < 0.05$。

（PAs 组的大鼠全部死亡）

3. 大鼠的体重变化

8 周后，每组大鼠的体重都有所增加。正常对照组的体重增加（133.87 ± 23.38）g，铁缺乏对照组的体重增加（117.35 ± 22.68）g。SSF 组和 FeSO₄组的大鼠体重增加最多［（162.44 ± 17.68）g 和（160.75 ± 19.52）g］。与正常对照组相比，SSF 组和 FeSO₄组的体重各自增加了 17.59% 和 16.72%，差异具有统计学意义（$P < 0.05$）。与缺铁对照组相比，SSF 组和 FeSO₄组大约增加了 27.76% 和 26.30%，差异同样具有统计学意义（$P < 0.05$）。SSF + PAs 组的大鼠的体重也有所增加［（118.83 ± 19.73）g］，增加值比 SSF 组和 FeSO₄组低，差异具有统

计学意义（$P < 0.05$）。

4. 大鼠的肝重和脾重

各组大鼠的组织重量如表 6 - 4 所示。铁缺乏对照组大鼠的肝重 [（10.00 ± 0.96）g] 低于铁补充组：SSF 组 [（12.96 ± 1.37）g]，FeSO$_4$ 组 [（12.46 ± 1.14）g] 和 SSF + PAs 组 [（10.88 ± 1.42）g]。肝重/体重的数值显示其结果与肝重的变化是一致的。与铁缺乏对照组相比，肝重的增加与肝重/体重的变化均具有统计学意义（$P < 0.05$）。

铁缺乏对照组大鼠的脾重 [（1.46 ± 0.22）g] 高于其他铁补充组。脾重/体重同样观察到这一规律，而且脾重的增加与脾重/体重的变化都具有统计学意义（$P < 0.05$）。

表 6 - 4　各组大鼠的肝重和脾重（n = 10）

组别	肝重	肝重/体重	脾重	脾重/体重
SSF 组	12.96 ± 1.37[#]	0.33 ± 0.003[#]	0.83 ± 0.082[#]	0.0021 ± 0.00027[#]
SSF + PAs 组	10.88 ± 1.42	0.32 ± 0.002[#]	0.66 ± 0.097[#]	0.0019 ± 0.00026[#]
FeSO$_4$ 组	12.46 ± 1.14[#]	0.32 ± 0.003[#]	0.77 ± 0.166[#]	0.0020 ± 0.00041[#]
AIN Fe - 缺乏组	10.00 ± 0.96	0.28 ± 0.002	1.46 ± 0.22	0.0041 ± 0.00057
对照组	12.49 ± 1.88[#]	0.32 ± 0.002[#]	0.73 ± 0.23[#]	0.0019 ± 0.00068[#]

[#] 与 AIN Fe - 缺乏组相比，$P < 0.05$

（PAs 组的大鼠全部死亡）

研究显示，大豆中的铁大部分来源于铁蛋白（Theil et al.，2004），且具有良好的生物可利用性（Pugalenthi et al.，2005；Ukwuru et al.，2003；Layrisse et al.，1975），但是，这些研究并没有讨论食物中伴随铁吸收的植酸盐的浓度（Zijp et al.，2000），植酸盐是自然界铁的螯合剂，能够显著降低饮食中的铁的利用度（Zijp et al.，2000）。

本章节我们首先研究了大豆铁蛋白的补铁效果，并且比较了其与硫酸亚铁二者的补铁活性高低，再者还研究了原花青素对豆类铁蛋白补铁的影响。研究显示，SSF 粗提物和硫酸亚铁在提升大鼠红细胞数、血红蛋白浓度、血清铁蛋白和血清铁水平上是一样有效的（表 6 - 2 和表 6 - 3）。以前的研究同样显示，植物铁蛋白和纯化的动物铁蛋白一样，对于大鼠的铁吸收是有效的（Beard et al.，1996）。来自于人体实验的结果进一步支持这一结论，显示来自 SSF 和硫酸亚铁中的铁对于缺铁性贫血的恢复是有效的（分别将血红蛋白提升30%和34%），而且二者之间没有统计学差异（Lönnerdal et al.，2006）。本实验同样证明SSF粗提物是很有效的铁补充制剂。

研究表明，存在于葡萄籽的原花青素是自然界的一种植物酚类，能够以一种剂量依赖性的方式结合大豆铁蛋白，结合后会抑制大豆铁蛋白被体内蛋白酶的降解（Zijp et al.，2000），这可能会提高铁蛋白的补铁效果。但动物实验却表明原花青素明显的抑制了大豆铁蛋白粗提物的铁吸收。例如，实验进行第8周时，在原花青素存在的情况下大豆铁蛋白粗提物恢复血红蛋白的能力降低14%，而血清铁的恢复大约降低52%。原花青素几乎对血清铁蛋白的恢复没有作用（表6-2和表6-3）。因此，原花青素在SSF粗提物的铁吸收中并没有积极的促进效果。

近期的研究显示，铁蛋白的大部分降解是通过胃里的胃蛋白酶在pH值为2.0的条件下降解的。已有研究表明，蛋白壳释放的铁是通过（DMT-1）吸收的。其可能的机制是释放后的铁结合到原花青素后，形成不溶性复合物，最终导致低的铁吸收率。这代表了原花青素抑制铁吸收的第一条可能的机制。与这一观点相一致的是，以前的研究显示植酸、单宁酸能够显著降低Caco-2细胞摄入的二价铁（Zijp et al.，2000）。

另一方面，部分未被消化的铁蛋白可能会逃逸胃液的消化，进入肠道后通过受体介导的机制被吸收。我们近来发现原花青素可以结合大豆铁蛋白形成聚集物，这些聚集物可能没有像单纯的铁蛋白那样易被受体识别。因此，由于原花青素和大豆铁蛋白的聚集会导致铁吸收的降低，这可能是PAs降低铁蛋白铁吸收的第二条机制。PAs对SSF的结合抑制，相对于蛋白质被蛋白酶降解到一定程度这一机制来说（Zijp et al.，2000），后者起重要作用。目前，现有的实验数据还不能提供其他机制。

这一研究的另一重要发现，是PAs加重了缺铁性贫血大鼠的铁缺乏程度，因为所有PAs组的大鼠在第8周全部死亡，而其他铁缺乏组的大鼠是存活的。其原因可能是因为PAs有很强的螯合金属离子的能力，尤其是铁离子。对于缺铁性大鼠，体内本来严重缺铁，在PAs存在的条件下，小量的铁更是不可以被吸收，最终会引起大鼠的死亡。这一结果再次显示了铁是生命所需的重要的金属元素（Allen，2000）。

各组间的体重增加同样具有统计学意义。在铁缺乏组体重的增加显著低于正常组，显示铁对于动物生长具有重要的作用（Strube et al.，2002）。AIN Fe-缺

乏饮食 + SSF 组和 AIN Fe - 缺乏饮食 + FeSO$_4$组的大鼠显示了和正常对照组相似的体重增加值，二者增加幅度较大的原因可能是由于以灌胃的方式给予的铁要比大鼠自由摄食所吸收的铁的量要稍高。

然而，AIN Fe - 缺乏饮食 + SSF + PAs 组的体重增加与 AIN Fe - 缺乏饮食 + SSF 组相比，却有一定程度的降低，再次证明了 PAs 会降低 SSF 中的铁吸收。

大豆铁蛋白和硫酸亚铁的铁吸收是由组织重量来决定的。铁缺乏大鼠的肝重低于补充铁组而脾重高于补充铁组。原因可能是由于在缺铁的刺激下，机体的器官具有一定的代偿作用。脾窦扩张，红细胞聚集，器官胶原纤维增生是脾脏增大、重量增加的主要原因，而肝脏细胞和细胞器体积的缩小则可能是肝脏重量减少的主要因素。

总之，本章节发现与 FeSO$_4$一样，植物铁蛋白中的铁对于缺铁性贫血的大鼠是有效的，可以用作铁的补充制剂，然而 PAs 对于铁蛋白的铁吸收却具有抑制作用。因此在摄食富含铁蛋白的食物时最好远离 PAs，以便能有更好的铁摄入。

第七章　植物铁蛋白的开发利用

第一节　植物铁蛋白在补铁方面的应用

缺铁性贫血（Iron deficiency anemia，IDA）是当今世界发病率最高的营养性疾病之一。如何改善铁营养状况，是世界也是我国迫切需要解决的问题。目前常用的以亚铁离子的无机盐为代表的补铁制剂，由于这些化合物易与硫化物及多酚结合引起食品品质变色变质，而且服用过多 Fe^{2+} 会诱发 Fenton 反应产生自由基，对胃肠道刺激严重，甚至会造成疾病的风险；另外，亚铁离子会受到食物中一些小分子螯合剂（如：植酸、单宁等）的干扰，导致亚铁离子的吸收利用率不高。因此，充分利用微生物、植物、海洋生物等资源结合现代化高新技术，开发天然、安全、生物利用率高、稳定性好和成本低廉的新型补铁制剂势在必行。

在食品中研究较多的是豆科作物种子铁蛋白，尤其以大豆种子铁蛋白（SSF）研究最多，同时，SSF 也被认为是未来一种新型的、天然的功能性补铁因子。早期使用放射性同位素标记技术研究表明，铁蛋白中铁的吸收存在很大的争议，其原因可能是由于铁蛋白的来源以及标记方法的不同所造成的。早在 1984年，Lynch 等人采用外标法研究发现豆科作物铁蛋白中铁的利用度很低。然而，最近人们以马脾脏铁蛋白、大豆种子以及硫酸亚铁为铁源喂食缺铁老鼠，21d 后发现 3 种处理老鼠体内血红蛋白含量均达到对照水平，由于大豆种子中的铁主要以铁蛋白的形式存在，该实验充分说明大豆种子铁蛋白中铁的利用度很高。同时，大豆种子中铁的生物利用度又被采用内标法进行了评价，采用两种类型的膳食（汤和松饼）并且以标记的硫酸亚铁为参考计量评价吸收铁的能力，在 14d 和 28d 后分别测定红细胞的放射性强度，结果表明，两种膳食方式中 ^{55}Fe 的吸收均为 27%，进一步说明大豆可以作为很好的补铁原料。我们近期的动物试验同样证明，SSF 粗提物和硫酸亚铁对于提升红细胞数、血红蛋白、血清铁蛋白和血清铁水平一样有效。因此，植物铁蛋白代表了一种新型的，可利用的植物源性的补铁制剂。

植物铁蛋白作为新型的补铁制剂具有很广阔的应用前景，但是，仍旧面临一些问题需要解决。在 pH 值 = 2 的情况下，铁蛋白易被胃蛋白酶消化，此时铁蛋白中的铁在胃肠道的 pH 值条件下释放出来，但是其具体的吸收机制目前还不太清楚。因此，如何提高铁蛋白中铁的吸收利用是研究的热点之一。

一、植物铁蛋白的抗消化能力

铁蛋白外壳把铁蛋白中的铁和其他能与铁结合的组分隔开，这样铁蛋白中铁的吸收就不受其他抑制因素的影响，在溶液中的稳定性研究表明，铁蛋白或铁簇在消化时完全或大部分完整的保存下来，植物铁蛋白对于蛋白水解消化具有相对的抵抗力，如果蛋白外壳被破坏，会产生不溶的细微小铁锈颗粒，在低 pH 值下，这些颗粒最终会被完全转变为铁离子。另外，即使都溶于胃中，肠道的高 pH 值下也会促使未被还原或未螯合的铁离子转化为铁锈或多核颗粒，食物中的铁蛋白铁不受任何化学限制，即使在肌醇六磷酸含量相对高的大豆，饮食中的铁蛋白铁仍被吸收并被转化为血红细胞能使用的形式。

二、以缺铁性小鼠为模型研究植物铁蛋白的补铁功能

Beard 等将缺铁的小鼠分为 3 组，每组连续喂食分别含有硫酸亚铁、马脾铁蛋白或大豆种子（80% 的铁在铁蛋白中）3 种富含铁的食物，实验中各组投食的铁的含量是一致的，14d 后检测到小鼠红细胞中的铁含量恢复到正常水平。结果表明，在铁缺乏时，饮食中添加大豆铁蛋白与添加硫酸亚铁、纯铁蛋白同样，都能向红细胞系提供铁。Goto 等将大豆铁蛋白基因转到水稻上加以表达，使水稻种子中铁含量平均提高 3 倍，并通过实验表明对缺铁的小鼠有补铁效果。Murray Kolb 等也调查了转铁蛋白基因水稻的供铁，他们利用患有贫血的小鼠进行标准血色素生物试验，分别用转铁蛋白水稻品种和含有硫酸亚铁的完整饮食饲喂这些小鼠，结果水稻饮食与硫酸亚铁饮食在补充血细胞比容、血色素和肝脏铁浓度等方面同样有效。

三、植物铁蛋白补铁功能的人体实验

体外的人肠道细胞（Caco - 2）和体内用标记的铁蛋白进行实验，结果表明，

人类对纯化的大豆铁蛋白中的铁与 $FeSO_4$ 中的铁具有一样的吸收率，膳食中影响铁吸收的因素如抗坏血酸、植酸及钙对铁蛋白中的铁吸收影响很小，体内实验中的铁蛋白显示出了抗蛋白酶降解的特性，铁蛋白中铁的吸收良好，是非常有效的铁营养源。Sayers 等以缺铁的印度与非洲妇女为实验对象，在饼干中添加含有内标铁（^{55}Fe）的大豆，同时向饮用水中添加柠檬酸铁铵（^{59}Fe）为对照，吸收率分别为 19.8% 和 21.2%。Davila – Hicks 等将马脾铁蛋白中的铁在体外进行 ^{59}Fe 标记，早餐时按随机顺序供给无贫血症的健康妇女，并以硫酸亚铁做实验对照，结果表明，机体对铁蛋白和硫酸亚铁中铁的吸收率是一样的。大量的实验表明，人体对大豆铁蛋白铁的吸收能够有效地防止缺铁性贫血，可见大豆铁蛋白是非常有效的铁营养源。

人们很早就知道利用铁补充剂来治疗缺铁性贫血，但是，缺铁的问题仍然困扰着 30% 的世界人口。根除铁营养缺乏要解决以下 3 个问题：①对已知的铁补充剂的接受度；②对一些潜在的铁补充剂进行类似的实验却得到不同的结果；③对人体吸收利用铁分子的复杂的机理研究要落后于其他生物体。要解决膳食缺铁的问题，我们需要更多地了解铁在机体中的吸收机制，基因以及性别对铁吸收的影响。另外，食物中不同的非血红素铁的化学和生物化学研究，如不同的铁配合物，铁的含量，植物性食物中铁的存在形式及铁的消化吸收率等都是至关重要的。植物铁蛋白是人类通过饮食获取铁的主要来源，目前，全世界缺铁人口已超过 30 亿，因而提高粮食作物种子和营养组织中的含铁量，对加强铁的补给有重要意义。通过转基因技术将外源铁蛋白基因转入水稻、小麦等作物内，提高植物，特别是粮食作物中的铁含量，不仅可以满足人类对铁的需求，防御由铁缺乏引起的疾病，而且具有重大的经济价值。Goto 等通过水稻胚乳特异性表达启动子 GluB – 1 将大豆铁蛋白基因转入水稻，转基因植物种子干重中，铁含量为 13.3 ~ 38.1μg/g，与对照植物相比，铁含量平均提高 3 倍，而在其他部位中的铁含量则与正常植株没多大差异。刘巧泉等用与 Goto 同样的办法将菜豆的铁蛋白基因导入到水稻的胚乳，结果水稻种子的铁成分提高了 64%。Lucca 等将菜豆铁蛋白基因转入水稻，同时将曲霉菌抗热植酸酶引入水稻胚乳，而使富含半胱氨酸的内源金属硫蛋白类似蛋白过量表达，发现水稻种子中铁含量提高了 2 倍，铁吸收的抑制剂植酸也很容易被降解，并且过量的半胱氨酸还能迅速结合铁离子，提高铁的吸收率。Georgia 等将从大豆中分离铁蛋白的 cDNA 序列导入水稻和小麦后，再用玉米组成型启动子泛素 – 1 表达。ICAP 光谱法分析表明，只是在转基因植物的营养组织中铁水平有提高。水稻叶中比小麦的高一些，其中，转基因小麦叶中铁蛋白含量提高50%，而转基因水稻叶中则可以提高达2倍。但是两种植物的种子都和野生型植株中的铁含量相差不大。尽管如此，铁蛋白转基因研究已经取得了一定的进展。蔬菜也是人类重要的食品，提高蔬菜中的铁含量对防御铁营养缺乏症也具有十分重要的意义。Goto 等通过 CaMV35S 启动子将大豆铁蛋白基因转入莴苣，叶片的铁含量增加了1.7倍，且转基因植物的生长速度也比野生型的快许多。但是，重组铁蛋白和植物体内源铁蛋白是否可以形成异源多聚体，这种异源多聚体是否具有功能，尚需进一步研究。

总之，膳食中添加铁补充剂将是解决铁缺乏的主要方法，作为饮食铁来源中非亚铁血红素铁族的成员，铁蛋白是含有三价铁离子的复合物，大量的实验表明，人体对植物铁蛋白铁的吸收能够有效地防止缺铁性贫血，我们相信铁蛋白将成为21世纪根除全球性缺铁问题的补铁功能因子。

第二节　植物铁蛋白的补钙功能

目前，国内外学者对人体钙营养进行了长期研究，一致指出钙营养缺乏属于全球性健康问题，发展中国家尤其是亚洲国家的平均钙摄入量最低。我国大部分人都处于缺钙状态，少数人则严重缺钙，佝偻病仍为常见，尤其在中国北部患病率高达44%。引发钙缺乏的原因，除了天然的遗传因素外，更直接的原因主要有两个方面，一是钙的日常摄入量不足，二是钙的吸收利用率低。因此，如何改善钙营养状况，是世界也是我国迫切需要解决的问题。目前，市场上的补钙剂主要有无机钙、有机钙和天然生物钙3类，其消化吸收均依赖于胃酸解离出 Ca^{2+}，但是，Ca^{2+} 容易在碱性的小肠液中生成胶稠状的 $Ca(OH)_2$ 沉淀，使 Ca^{2+} 的表观吸收率仅为25%~40%，且 $Ca(OH)_2$ 胶稠状物可黏附在肠壁表面，也影响其他营养元素的吸收。因此，寻找新的钙源和探索新的钙吸收利用途径，对开发新型的钙螯合营养强化剂具有重要意义。

钙是人体不可或缺的一种常量元素，是构成人体骨架的基本成分之一，对人体的生长与发育、疾病与健康、衰老与死亡起着重要作用。人体内约99%的钙分布于骨和牙组织中，成为人体的钙库，其余1%则主要存在于人体细胞周围的细胞间液中。被吸收的钙可以通过消化道、肾脏、皮肤代谢出体外，也可以通过骨形成机制形成骨骼。其生理功能主要体现在以下几个方面：钙含量能调节细胞表面的膜电位变化，导致兴奋性传递的改变；钙在血小板凝集和止血中起重要作用；钙－钙调素结合体能够参与细胞内钙调蛋白的调控功能；钙在细胞内通过第二信使和偶联作用调节细胞内的多种反应。另外，钙还参与人体其他生理过程，如降低毛细血管和细胞膜的通透性；维持体内酸碱平衡；钙与肠道内胆汁酸和脂肪酸结合生成钙皂，能缓和肠道刺激作用，防止结肠癌的发生；控制新陈代谢、细胞黏附和分裂等。

一直以来，很多人错误地认为钙这种常量元素广泛存在，能从食物中得到充足供应而不缺乏，但医学研究的结果表明这是一种误解。事实上人体容易缺钙，缺钙对人的健康有很大的影响，其中，以儿童和老年人最甚。据国务院新闻办发布的第 4 次中国居民营养与健康现状调查显示，由于我国居民有经常喝饮料、咖啡和浓茶等饮食习惯及消费植物性来源食物的原因，居民膳食钙的摄入量较低，只达到我国营养学会推荐供给量标准的一半，有些地区儿童只达到推荐摄入量的 $20\% \sim 50\%$，因此，儿童中佝偻病仍较为常见。在农村，多数人钙摄入量为 400mg/d，低于推荐摄入量 800mg/d，缺钙已成为影响我国人民健康的严重问题。缺钙最严重的人群包括：婴幼儿及生长发育期的儿童，若摄入钙不足，将影响孩子的身高、骨密度、牙密度和肌肉强度，使儿童出现骨痛、牙齿发育不良、生长迟缓，出现佝偻病等症状；妊娠、哺乳期的妇女，如果钙补充不足，会导致在怀孕期间出现肌肉痉挛、小腿抽筋、腰酸背痛等钙缺乏症状；老年人，尤其是绝经以后的老年妇女，其机体对钙的吸收率呈直线下降，骨溶解也相应加速，机体脱钙加剧，极易发生骨质疏松症；在特殊环境下工作的人群，如在高真空、强辐射、超重、失重环境下在太空进行空间作业的宇航员，他们在这种特殊环境下生理系统会失衡，钙流失最严重，且在返回地面后，生理系统需要一段时间才能恢复，但是骨钙的丢失却会持续进行，会严重危害航天员生命安全和飞行任务的顺利执行。

对于钙来说，市场上钙制剂品种繁多，主要分为无机钙、天然生物钙、有机酸钙制剂和氨基酸螯合钙制剂。无机钙主要指以动物或鱼类鳞骨、珍珠、贝壳或碳酸钙矿石等为原料加工而成的无机钙盐，如碳酸钙、碳酸氢钙、磷酸氢钙、氧化钙和氯化钙；天然生物钙也叫活性钙，是将天然贝壳或珍珠粉经高温煅烧制成，有的另辅以中药，除含钙外，还含有人体所需的磷、锌、锶、锰等微量元素，如盖天力、珍珠钙胶囊、活性钙胶囊、益钙灵、龙牡壮骨冲剂等；有机钙主要有醋酸钙、柠檬酸钙、乳酸钙、苏糖酸钙和葡萄糖酸钙等；氨基酸螯合钙主要有苏氨酸钙/乐力胶囊等。但是，当前的钙元素营养强化剂均存在不同的弊病，如普遍存在水溶性较差、吸收率低、易受膳食中其他因子的影响，如易与柠檬酸、植酸等形成不溶物，影响这些矿质元素营养强化剂的吸收效率，因此，开发高效、安全的矿质元素营养强化剂势在必行。

铁蛋白作为一种自然界广泛存在的天然蛋白，具有开发新型矿质元素营养强化剂的潜力。铁蛋白广泛存在于动物、植物和细菌体内，由于其具有储存铁元素及调节体内铁平衡的功能，铁蛋白能够使机体内的铁保持可溶、无毒且生物可利用的形式。动物和植物铁蛋白在结构和功能上有很大的不同。动物铁蛋白通常包括 H 和 L 亚基，而植物铁蛋白只含有 H 亚基，但通常由 H-1 和 H-2 两种不同的亚基组成。另外，植物铁蛋白每个亚基的 N 端还含有独特的 Extension Peptide（EP）肽段，因此，每个铁蛋白分子 24 个亚基含有 24 个 EP 肽段。同时，由于铁蛋白中空的特殊结构，越来越多的研究者利用脱铁铁蛋白的蛋白质外壳作为载体装载其他可供利用的金属离子来制备新型生物纳米运载体系。将铁蛋白内部的铁核在无氧条件下通过还原反应使 Fe（Ⅲ）还原为 Fe（Ⅱ）而被去除，最后得到中空的脱铁铁蛋白，然后利用各种物理化学方法将其他矿物质离子加入到脱铁铁蛋白当中，制备成新型的功能性生物纳米颗粒。

铁蛋白是天然存在于生物体细胞中的一类铁贮藏蛋白，它由中空的蛋白质外壳和铁核组成，内外直径分别约为 8nm 和 11nm。这种特殊的结构，使钙进入铁蛋白内部空腔成为可能，为活性钙源的制备提供了新的载体，其特点：一是天然蛋白质外壳可屏蔽其他食品组分及胃肠环境对钙因子的干扰和影响；二是利用铁蛋白的独特吸收机制可提高钙在体内的吸收率。

第三节　植物铁蛋白在生物纳米体系中的应用

铁蛋白除了上述体内的生物学功能以外，越来越多的研究表明，铁蛋白还具有第 3 个新的功能，其特殊的中空结构和笼形的蛋白质外壳具备开发为天然、形态均一的矿质元素营养强化剂的载体的条件，通过铁蛋白作为载体的生物纳米运载体系，可以克服金属离子溶解度低、易受胃肠道环境影响的缺点，从而大大提高矿质元素的生物利用率。到目前为止，应用脱铁铁蛋白作为纳米载体的研究主要集中在运载金属离子和有机小分子方面，在脱铁铁蛋白内部储存矿质元素的方法主要有如下几种。

一、矿化成核储存矿质元素

铁蛋白内部空腔表面因具有大量酸性氨基酸残基而带负电，所以利用这一特点，铁蛋白壳内部可形成金属氧化物或氢氧化物的矿化核。已报道的金属盐离子矿化核主要有：Co (O) OH、Co_3O_4、CdS、CdSe、Cr (OH)$_3$、Ni (OH)$_3$、Mn (O) OH、Mn_3O_4、In_2O_3、FeS、ZnSe 和 CuS 等。这些金属纳米颗粒可以用于单电子晶体管和浮闸内存。金属核的形成过程分为两种。一种是 Zn、Fe、Ca 等金属离子，采用脱铁铁蛋白与金属盐溶液在一定的 pH 值和温度条件下发生反应，可在铁蛋白内部形成对应的金属氧化物的矿化核，透射电镜显示在铁蛋白内部形成的金属矿化核大小约为 8nm，因为铁蛋白上有这些金属离子的结合位点或者氧化还原位点。另一种如 CdS、ZnSe 等，由于铁蛋白上没有这些金属离子的结合位点，要在其内部形成矿化核需要采用一些其他方法，利用一种缓慢释放体系，使得在外界环境中结合形成复合物的两种组分，在马脾铁蛋白内腔中形成复合物以形成金属核。

二、肽段序列修饰或基因改造铁蛋白储存金属元素

通过这个方法使铁蛋白的蛋白质外壳具备结合金属离子的能力，从而在铁蛋白内部成核。以 Ag 为例，铁蛋白自身的氨基酸序列及其三维结构中没有 Ag 的结合位点，利用常规方法难以制备含 Ag 的铁蛋白纳米颗粒。但是，通过在铁蛋白亚基 C 末端的氨基酸序列上添加可以结合 Ag^+ 的小肽，不但不影响铁蛋白的自身组装，而且还能增加修饰后的铁蛋白对 Ag^+ 的亲和力。使得 Ag^+ 更容易结合在铁蛋白的内表面，此时再通过氧化还原手段将 Ag^+ 还原成 Ag，使其在铁蛋白内部形成 Ag 金属，达到制备含 Ag 的蛋白纳米颗粒。

三、还原成金属单质沉积储存金属元素

主要是通过扩散的方式使金属阳离子扩散进入铁蛋白内部空腔，再利用还原剂将其还原成金属单质，从而在脱铁铁蛋白内部沉积。采用这种方法在铁蛋白内部形成的金属核主要有：Cu、Pd 等。例如 Gálvez 等在脱铁马脾铁蛋白内部形成金属 Cu：反应体系在 4℃ 条件下进行，pH 值稳定在 8.0 左右，向马脾铁蛋白溶液中加入 $CuSO_4$ 溶液，使得 Cu 与马脾铁蛋白的物质的量比为 1∶2 000。二者形

成的复合物通过分子筛层析色谱柱分离纯化后，向溶液中加入还原剂 NaBH$_4$，反应 24 h，将铁蛋白内的 Cu^{2+} 还原为铜单质。

　　总之，由于铁蛋白具有的特殊的结构，目前，人们更多地利用脱铁铁蛋白（ApoFt）的蛋白质外壳作为载体装载其它可供利用的金属离子来制备新型生物纳米运载体系（图 7 - 1）。铁蛋白的通道及空腔内部有着许多带负电的酸性氨基酸残基（Glu 和 Asp），在正常生理 pH 值条件下，这些残基都可以结合金属离子，如人体铁蛋白 H 链中组成通道亲水区域的 Glu 27、Glu 61、Glu 62、Gln 107 和 Gln 141；马脾铁蛋白的 L 链中指向内部空腔的 Glu 60、Glu 61；豌豆铁蛋白中构成空腔内表面的保守氨基酸有 Glu 61、Glu 64、Glu 67、Glu 57 和 Glu 60 等。据报道铁蛋白空腔表面高浓度的羧基基团可更有助于金属离子在铁蛋白内部成核。除此之外，Asp 也可以和金属离子通过静电作用的方式结合。铁蛋白通道中负电氨基酸残基可构成电势梯度，金属离子可顺着电势到达铁蛋白内部空腔。

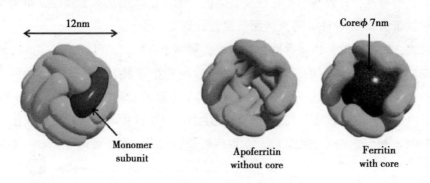

图 7 - 1　ApoFt 和含有金属核的铁蛋白示意图

（Yamashita et al., 2010）

　　通过铁蛋白作为载体的金属纳米材料运载体系，它可以克服金属离子溶解度低、易受环境物质干扰的缺点，进而大大提高被包被材料的生物利用率。铁蛋白的铁核可利用 ApoFt 在体外合成，且大小分布均一，直径为 7.3 ± 1.4nm，与天然铁核相似。铁蛋白的 3 重轴和 4 重轴是负责蛋白空腔与外部物质交换的通道，直径为 0.3 ~ 0.4nm，金属离子可通过通道扩散进入到 ApoFt 内部，并与空腔内部的酸性氨基酸的羧基结合，然后通过一些物理化学手段，使金属离子形成直径约 8nm 的晶核，沉淀在 ApoFt 空腔内部。这些铁蛋白金属纳米颗粒的矿物质核心的形成机理主要有两种。一是金属离子在 ApoFt 内部沉淀成核，即在无氧条件下，在 ApoFt 溶液中加入金属阳离子，充分反应后金属阳离子会结合在蛋白质内部的羧基上，后加入可以和金属离子形成沉淀的阴离子，充分反应，使结合在蛋白空腔内部的金属形成沉淀并留在空腔，重复此过程，使金属沉淀在空腔中逐渐变大从而形成金属纳米颗粒。另外一种成核方法首先同样在无氧条件下，向 ApoFt 溶液中加入金属阳离子，充分反应后经过分子筛层析方法将游离的金属阳离子和蛋白复合物分开，然后向蛋白溶液中加入还原剂 $NaBH_4$，可将结合在蛋白内表面的金属离子还原为金属单质从而保留在蛋白空腔内部。装载过程中实验条件的控制，如温度、pH 值、金属离子与蛋白之间的比例以及反应时间等，都对装载量有着不同程度的影响。

铁蛋白装载矿物元素的研究方法目前主要有分子排阻层析、紫外分光光度法与原子吸收分光光度法联用。透射电镜（TEM）是利用铁蛋白合成纳米颗粒最主要的表征手段，将装载有金属离子的铁蛋白溶液滴于镀有碳膜的铜网或金网上，用醋酸铀酰染色，即可观察矿化核及负染色后的蛋白外壳。对于粒径分布均匀的类球形铁蛋白，使用 TEM 可直接测量颗粒的真实粒径。

总之，铁蛋白除可以储存铁和其他重金属离子以外，还可以贮存一些有机小分子物质。Zhang Tuo 等的最新研究表明，装载有花青素的植物铁蛋白能够直接被小肠上的 Caco－2 细胞吸收，并且提高了花青素的稳定性和吸收量。Li Meiliang 等的最新研究也表明，装载有钙核的红小豆植物铁蛋白能够通过转铁蛋白受体（TfR1）被 Caco－2 细胞吸收，而且该途径钙的吸收率明显高于 Caco－2 细胞对游离钙离子的吸收率。Chen Lingli 等的最新研究表明，将 β－胡萝卜素装载进入铁蛋白后，可以显著提高其水溶性和热稳定性。因此，完全有可能将铁蛋白进行改造，利用它作为合成生物来源的纳米材料。若能在它的蛋白壳空腔内组装药物，并使它的外蛋白壳与生物素或特定的抗体相结合，就可以实现药物的定向传递，并且可以避免产生免疫原性的问题。

第四节　植物铁蛋白的其他功能

铁蛋白是一种专门存储铁的蛋白质，它广泛存在于动物、植物和微生物体内，既可以储存大量的可被植物利用的铁，又能抵抗环境胁迫。植物铁蛋白储存铁的能力高于其他蛋白，且铁蛋白由特殊酶亚基形成，无须导入任何其他基因去诱导产生翻译产物。它是一类多聚体蛋白，在细胞内具有调控铁生物功能的作用，主要在种子形成、叶片衰老或环境铁过量时积累铁，在种子萌发或质体绿化等过程中释放铁，从而调节植物对铁的吸收和释放，维持铁的动态平衡，具有铁储存和避免铁毒害的双重功能。在植物体中作为一种胁迫反应蛋白，当植物受到寒冷、干旱、强光照和重金属离子等外界环境的胁迫时，植物受到损伤，体内都发现有铁蛋白的存在；在铁供应过量的情况下，植物体内其含量是铁正常供应的40~50倍。

近年来，转铁蛋白基因技术作为提高生物体内铁含量，以抵抗外界环境胁迫、预防生物体缺铁性病症发生的有效手段而备受关注。自1963年Hyde等第一次报道铁蛋白以来，植物铁蛋白在许多植物中得到证实，如豌豆、大豆、玉米和紫花苜蓿等。植物体内有多种铁蛋白基因，一些是组成性表达，而另一些则受多种因素诱导，如脱落酸、铁离子等。随着生物技术的发展，转基因技术已经成为生物遗传改良的有效途径，利用转基因技术将外源铁蛋白基因转入植物体内，提高植物特别是粮食作物、果树等体内的铁含量及抗重金属胁迫能力等的研究也取得了突破性的进展，不仅可以满足人类对铁的需求，缓解或防御由于铁缺乏而引起的一系列疾病，而且能提高植物对不良环境的耐受性，在生物治疗中具有重要意义。

植物铁蛋白的分布最早通过电子显微镜技术，仅在质体的基质中检测到铁蛋白的存在。尽管在叶绿体中也有铁蛋白，但主要还是分布在低光合活性的非绿色质体如前质体、白色质体、有色体、造粉体以及种子、幼苗、根的顶部和豆科植物年幼的根瘤等特异组织中，而有光合活性的叶绿体中却只有少量分布。另外，在植物导管细胞、维管形成层、生殖细胞和衰老的细胞中也发现有铁蛋白的存在。叶霞等以转菜豆铁蛋白基因的嘎拉苹果4个株系为试管苗材料，发现内源铁蛋白和外源铁蛋白基因mRNA的含量均在试管苗的根部表达量最高，茎次之，叶片中最低，进一步在分子水平上证实了铁蛋白的分布规律。当处于胁迫条件下时，铁蛋白的分布会表现出异常现象。例如，体外培养的大豆细胞中，在质体的外面也发现有铁蛋白的存在。这可能是铁蛋白作为一种胁迫反应蛋白，在胁迫条件下产生的一种反应。植物铁蛋白在植物体种子形成、叶片衰老或环境中铁的过量积累方面有着重要功能，它可以在种子萌发或质体绿化过程中释放铁，从而调节植物对铁的吸收和释放。在处于发育阶段的玉米叶片中，铁蛋白存在于最幼嫩的叶段和含有衰老细胞的顶端，而富含成熟叶绿体和烯醇丙酮酸磷酸羧基酶的叶片中心部分则不存在铁蛋白。可能是叶片铁蛋白的含量与叶绿体的分化相关，是铁蛋白在植物生长过程中的一种合成调控的途径。

一、铁蛋白与非生物胁迫

铁蛋白的积累受各种环境信号的诱导。在寒冷、干旱、机械损伤、衰老、强光照等各种胁迫和重金属、铁过量、烟碱、H_2O_2、脱落酸、乙烯等化学物质处理的条件下都发现植物中铁蛋白基因的转录、增加数倍，并有大量的铁蛋白存在。另外，抗坏血酸也影响或参与植物铁蛋白的合成。当植物处于不利的环境下时，氧化胁迫即占主要地位，抗氧化作用的防御能力减弱，由铁介导的自由基的产生增强，导致代谢失调、脂肪过氧化、蛋白质分解和 DNA 损伤。由于铁蛋白可容纳大量铁，并以稳定的形式储存，所以，对植物抵抗氧化胁迫以及提高植物自身的耐受性等方面有重要作用。

二、铁蛋白与生物胁迫

植物中积累有大量铁蛋白，还可以对一些真菌的感染、病毒引起的坏死等表现出抗性，保护细胞免受因各种环境胁迫而导致的细胞氧化性损伤。在有病害的植物组织如病毒感染和肿瘤等中，都发现有铁蛋白的积累。如当孢囊线虫浸染使根瘤的发育和功能受损后，大豆根部即有铁蛋白的积累。此外，病毒感染和肿瘤也促使铁蛋白积累。铁蛋白通过螯合被感染组织和裂解的组织中过量的铁，可以避免铁毒害，同时也能阻止病原体扩散到其他组织，而大豆根部被线虫感染而引起的铁蛋白合成，也可能是大豆结瘤过程被抑制所致。

三、抗氧化功能

所有的铁蛋白都可以在有氧条件下与溶液中的二价铁离子反应，铁离子螯合在内部的空心结构中，抑制铁氧化反应，从而保护细胞不受铁过量引起的氧化损害；而且亚铁氧化中心能利用 Fenton 反应的产物阻止自由基的产生，所以认为，铁蛋白具有抗氧化功能。在正常的生长条件下，植物铁蛋白天然积累在一些低光合活性的组织中，它们主要在植物的发育过程和植物对环境胁迫的适应性中起作用。在逆境胁迫条件下，植物光合作用中产生的氧自由基及金属离子（主要是铁离子）催化的 Fenton 反应是氧自由基的主要来源，植物铁蛋白通过贮藏过量的铁，降低植物体细胞内游离铁离子浓度，从而减少氧自由基的产生，降低氧自由基带来的损害。

第八章 植物铁蛋白的现状与未来

第一节 现阶段存在的问题

植物铁蛋白与动物铁蛋白和细菌铁蛋白在结构上有很大的不同。例如，植物铁蛋白包含两个亚基 H-1 和 H-2，且它们的 N 端含有 EP 片段，而动物铁蛋白没有。这些结构上的差别赋予了植物铁蛋白独特的功能。实际上，植物铁蛋白的一条新的氧化沉淀途径已经被发现，在铁浓度高时，EP 可以作为第二个铁氧化中心催化铁的氧化和转运。蛋白质铁矿化中 H-1 和 H-2 起着不同的作用，并且在天然的植物铁蛋白中二者具有协同作用。另外，植物铁蛋白的 EP 起着丝氨酸蛋白酶的活性，调节蛋白质的降解，其结果是蛋白质在储存过程中变得可溶，最终导致快速的铁释放。

铁蛋白的吸收利用机制及其受体的研究是现今的热点问题，铁蛋白释放铁后或者被 DMT-1 吸收，或者其整个分子被受体吸收，是否还存在其他的机制？这些都是面临的研究问题。总之，植物铁蛋白代表了一种新型的补铁制剂，如何提高它的铁的利用率还有待我们进一步研究。通过铁蛋白转基因植物改善人类铁缺乏症。植物铁蛋白是人类通过饮食获取铁的主要来源，目前全世界缺铁人口已超过 30 亿，因而提高粮食作物种子和营养组织中的含铁量，对加强铁的补给有重要意义。通过转基因技术将外源铁蛋白基因转入水稻、小麦等作物内，提高植物，特别是粮食作物中的铁含量，不仅可以满足人类对铁的需求，防御由铁缺乏引起的疾病，而且具有重大的经济价值。但是，重组铁蛋白和植物体内源铁蛋白是否可以形成异源多聚体，这种异源多聚体是否具有功能，尚需进一步研究。另外，铁的储存机制和利用铁蛋白基因表达清除氧化胁迫的机制，仍然不十分清楚。

由于缺铁性贫血对人类健康，特别对于儿童、月经期和怀孕的妇女造成危害，所以很早以前，人们就通过对这种病的观察研究而认识到铁对健康的重要性。作为饮食铁来源中非亚铁血红素铁族的成员，铁蛋白是含有三价铁离子的复合物。大量的实验表明，人体对大豆铁蛋白铁的吸收能够有效地防止缺铁性贫血，所以大豆铁蛋白是非常有效的铁营养源。另外，用转铁蛋白基因的水稻饲养缺铁小鼠与用 $FeSO_4$ 喂养具有相同的功效，这说明采用生物技术手段实现外源铁蛋白基因在植物种子中表达，从而为缓解全球铁营养缺乏是可行的，但是如何提高铁蛋白中铁的生物利用率也是目前面临的问题。

第二节　植物铁蛋白未来的发展趋势

我们以蚕豆铁蛋白为原料，研究其铁吸收性质与其稳定性，发现其 H‒2 亚基含量很高；随之分离纯化出几类豆科类种子铁蛋白，其亚基组成均不同，并且以 Caco‒2 细胞为模型将其 TfR1 基因沉默后探讨细胞吸收植物铁蛋白的可能受体，结果显示 TfR1 基因是植物铁蛋白吸收的特异性受体之一，Caco‒2 细胞对大豆铁蛋白的吸收效率最高；进而以大豆铁蛋白（SSF）为切入点通过动物实验研究植物铁蛋白的补铁效果。

分离纯化得到的野生型豌豆铁蛋白、大豆铁蛋白和蚕豆铁蛋白，同时利用分子克隆的手段分离得到的重组的 H‒1 和 H‒2，经纯化的几种豆类铁蛋白通过蛋白质电泳和肽质量指纹图谱方法鉴定其分子量和纯度。通过鉴定，这几种蛋白为目标蛋白，均含有 28.0kDa 和 26.5kDa 的两种亚基，并且其亚基比例（H‒2：H‒1）不同（豌豆铁蛋白为 2：1，大豆铁蛋白为 1：1，蚕豆铁蛋白的 H‒2 亚基含量最高，为 6：1）。

新的植物铁蛋白即蚕豆铁蛋白从干的蚕豆种子中分离纯化出来，分子量为 560kDa。这种新的铁蛋白同样包括 2 个亚基，H‒1 和 H‒2，二者的肽指纹图谱是不同的，显示了这两种亚基是来源于不同的前体的。在所有已知的植物铁蛋白中，蚕豆铁蛋白含有的 H‒2 含量是最高的（约为 86%），这可能是其在低通量和高通量铁中具有比较低的催化活性的主要原因。同时与大豆铁蛋白和豌豆铁蛋白相比，蚕豆铁蛋白具有更高的稳定性，这一特性可能更有利于蚕豆铁蛋白的补铁活性。

将 Caco‒2 细胞的 TfR1 基因沉默后，不论对硫酸亚铁还是植物铁蛋白中铁的生物利用率都降低了，这说明 TfR1 的沉默影响了植物铁蛋白的铁的吸收利用率。实验还发现 Caco – 2 细胞吸收植物铁蛋白中的铁，其吸收的效率与铁蛋白的亚基组成有关。

与 $FeSO_4$ 一样，植物铁蛋白中的铁对于缺铁性贫血大鼠的恢复是有效的，因此，可以将其开发为铁的补充制剂。然而，原花青素却对于铁蛋白的铁吸收具有抑制作用。因此，在摄食富含铁蛋白的食物时应远离原花青素，以便能够更好地摄入铁。

基于以上实验结果，今后植物铁蛋白的基础研究可以从以下几个方面进行深入研究。

第一，深入研究 TfR1 对植物铁蛋白的特异性结合力，可以利用分子生物学的方法在体外得到 TfR1 后，进一步研究二者的结合常数等特性。

第二，继续深入研究亚基组成对植物铁蛋白补铁的影响，研究其结合位点，阐明其结合的机制。

第三，进行大豆、豌豆等豆类铁蛋白的安全及营养学评价，从而为开发新型补铁制剂提供更多的理论参考。

我们相信通过将个体吸收差异和饮食需要相匹配以及应用自然的和基因改良作物的铁蛋白，缺铁问题有望在 21 世纪得到解决。同时，将植物铁蛋白制备成的生物纳米材料也将有更广泛的应用。

参考文献

REFERENCES

1. 暴悦梅，佟永薇，章勤学.葡萄籽中原花青素的研究.食品研究与开发，2010，31（1）：185－186.

2. 蔡秋艺，郭长虹，毛文艳，等.植物铁蛋白在人类铁营养中的作用.中国农学通报，2007（23）：125－128.

3. 曹一平，陆景陵.高等植物的矿质营养（译）.北京：北京农业大学出版社，1991.

4. 陈晶，付华，陈益质，等.质谱在肽和蛋白质序列分析中的应用.有机化学，2002（22）：81－90.

5. 陈镜羽，单毓娟，杜明，等.乳铁蛋白对铁代谢的影响及其神经退行性疾病中的应用.现代生物医学进展，2013，13（3）：564－566，577.

6. 陈丽萍，张丽静，傅华.植物铁蛋白的研究进展.草业学报，2010，19（6）：263－271.

7. 陈荣华.轻工科技.原花青素的研究概况，2013（7）：7－8.

8. Gregory J. Hannon，陈忠斌（译）. RNAi：基因沉默指南.北京：化学工业出版社，2004.

9. 邓清华，刘国文，付世新，等. RNAi 及沉默通路调控研究进展.生物技术，2011，38（1）：92－94.

10. 董晓雨，郭鹏飞.铁在植物中的分布及其对人类神经系统发育的影响.现代农业科技，2014（13）：241－242.

11. 杜仁杰，曲跃军，吴丽丽，等.过量表达铁蛋白基因的转基因烟草抗 Co^{2+} 能力分析.黑龙 江医药，2009，22（3）：302－306.

12. 符敬坦，郭闯.脑内铁积聚与神经退行性疾病.解剖科学进展，2013，19（6）：565－567.

13. 付世新，王哲.微量元素铜在动物体内的转运代谢过程.动物医学进展，2003，24（2）：15－17.

14. 傅颖.原花青素的生物学活性及其保健功能研究.中国卫生检验杂志，2009，19（12）：3 019 – 3 020.

15. 高峰，张琨，宋昕恬，等.葡萄籽提取物抗氧化作用人体实验研究.中国卫生工程学，2010，9（2）：99 – 100.

16. 葛可佑.中国营养师培训教材.北京：人民卫生出版社，2005.

17. 郭世伟，邹春琴，江荣凤，等.提高植物体内铁的利用效率的研究现状及进展.中国农业大学学报，2000，5（3）：80 – 86.

18. 郭尧君.蛋白质电泳实验技术.北京：科学出版社，2005.

19. 和琼姬，燕飞，陈剑平.RNA 干扰机制及其主要蛋白因子研究进展.浙江农业学报，2011，23（2）：415 – 420.

20. 何沙沙.原花青素的生物学功能及开发利用前景.湖南农业科学，2011，（13）：121 – 123，133.

21. 胡菊.黑豆铁蛋白的分离纯化及初步表征.北京：中国农业大学博士论文，2009.

22. 黄海智，陈健乐，程焕，等.Caco – 2 细胞模型预测活性物质吸收代谢的研究进展.中国食品学报，2015，15（1）：164 – 172.

23. 黄河清，林庆梅，肖志群，等.猪脾铁蛋白反应器储存有机小分子能力的研究.生物物理学报，2000（16）：39 – 47.

24. 黄河清，吴楠，林庆梅，等.硒 – 铁蛋白电化学反应器储存含磷化合物的研究.生物物理学报，2001（17）：495 – 501.

25. 姜连连，黄兵，林矫矫.细胞培养技术在鸡球虫研究中的应用.动物医学进展，2011（2）：82 – 85.

26. 李朝睿.豌豆铁蛋白聚合特性及其对铁氧化沉淀的影响.北京：中国农业大学博士论文，2009.

27. 李劲涛，杨军，张秀丽，等.RNAi 最新研究概况.细胞与分子免疫学杂志，2007，23（11）：1 077 – 1 079.

28. 李美良.单亚基植物铁蛋白的制备、性质及铁蛋白钙复合物吸收特性研究.北京：中国农业大学，2013.

29. 李美良，蒲彪，赵广华.铁蛋白：一种新型矿质元素营养强化剂载体.食品科学，2015，35（13）：326 – 333.

30. 李月英，孙飙，肖德生.小肠黏膜细胞铁吸收机制.南京体育学院学报，

2005，4（1）：23－26.

31. 刘洪玲，刘建军，赵祥颖.果酸钙的研究现状及展望.中国食品添加剂，2007（1）：105－113.

32. 刘凌云，霍军生.铁吸收和转运机制研究进展.国外医学（卫生学分册），2006，33（3）：150－154.

33. 刘巧泉，姚泉洪，王红梅，等.转基因水稻胚乳中表达铁结合蛋白提高稻米铁含量.遗传学报，2004，31（5）：518－524.

34. 刘绍军，刘丽娜.孕妇妊娠期缺钙的原因及对策探讨.中国医药科学，2011，10（1）：53－54.

35. 刘叶玲.原花青素的药理学研究进展.现代医药卫生，2006，22（15）：232－2322.

36. 刘志礼.营养的科学.南京：江苏科学技术出版社，2000.

37. 陆丽燕，何明，王伟，等.Ca－AMS－生物示踪的有力工具.生命科学，2010，22（2）：197－201.

38. 罗彦忠，王磊.RNA干扰（RNAi）文库研究进展.微生物学通报，2010，37（10）：1512－1518.

39. 马梁.原花青素的保健功能及其在食品中的应用.山西：山西农业大学博士论文，2014.

40. 马亚兵，高海青，伊永亮，等.葡萄籽原花青素降低动脉粥样硬化兔血清C反应蛋白水平.中国动脉硬化杂志，2004，12（5）：549－552.

41. 宁春红，杨东鹤，蔡秋艺，等.植物铁蛋白与植物发育.黑龙江农业科学，2007（4）：103－104.

42. 司徒镇强.细胞培养.北京：世界图书出版公司，2008.

43. 苏振渝.毛皮动物缺铁性贫血.北方牧业，2003（24）：27.

44. 孙传范.花青素的研究进展.食品与机械，2010，26（4）：146－148，152.

45. 王顺心，王台.RNAi机制的研究进展.哈尔滨师范大学自然科学学报，2004，20（3）：84－93.

46. 王英，胡素兰.娠期补钙补铁预防妊娠高血压疾病发生的临床分析.中国保健营养，2012（4）：1－3.

47. 王振洲，崔岩山，张震南，等.Caco－2细胞模型评估金属人体生物有效性的研究进展.生态毒理学报，2014，9（6）：1 027－1 034.

48. 吴平，印莉萍，张立平.植物营养分子生理学，北京：科学技术出版社.2001.

49. 习阳，刘祥林，黄勤妮.植物铁蛋白转基因的应用.植物生理学通讯，2003，39（3）：284－288.

50. 徐晓晖，郭泽建，程志强，等.铁蛋白基因的水稻转化及其功能初步分析.浙江大学学报（农业与生命科学版），2003，29（1）：49－54.

51. 徐素萍.微量元素铁与人体健康的关系.中国食物与营养，2007（12）：51－54.

52. 杨道理，李保昌.蛋白质纯化的方法选择.实用医药杂志，2004（21）：1 121－1 123.

53. 羊芹，杜泓璇，马尧，等.柳树叶的原花青素的抗氧化性研究.西南大学学报（自然科学版），2009，32（6）：106－110.

54. 杨秀丽，张拓，李美良，等.植物铁蛋白——新型的补铁功能因子.食品科技，2010，35（7）：76－80.

55. 杨秀伟，杨晓达，王莹，等.中药化学成分肠吸收研究中Caco－2细胞模型和标准操作规程的建立.中西医结合学报，2007，5（6）：634－641.

56. 袁红琴，李睿明.铁过度负荷与疾病.医学与哲学，2006（2）：72－74.

57. 袁婆洲，吴秀山.RNAi机制研究的最新进展.生命科学研究，2003，7（1）：8－14.

58. 袁小红，杨星勇，罗小英，等.豌豆铁蛋白的纯化及其抗血清的制备.生物化学与分子生物学学报，2002（5）：614－618.

59. 叶霞.苹果、梨铁蛋白基因的克隆及菜豆铁蛋白基因在转基因苹果和番茄植株中的表达特性研究［D］.南京：南京农业大学博士论文，2006.

60. 叶霞，黄晓德，陶建敏，等.转基因苹果组培苗铁蛋白基因在转录水平上的表达.果树学报，2006，23（4）：491－494.

61. 由倍安，高海青.葡萄籽原花青素对心血管的保护作用.国外医学·心血管疾病分册，2003，30（6）：362－363.

62. 于昱，罗绪刚，吕林，等.动物小肠锌吸收特点及其机制的研究进展.肠外与肠内营养，2006，13（3）：179－187.

63. 云少君，赵广华.植物铁蛋白的结构、性质及其补铁活性.生命科学，

2012, 24 (6): 1 – 8.

64. 占今舜, 邢月腾, 张彬. 细胞培养技术的应用研究进展. 饲料博览, 2013 (1): 8 – 11.

65. 詹显全, 陈主初. 蛋白质组中蛋白质鉴定技术的研究近况. 国外医学分子生物学分册, 2002 (24): 129 – 133.

66. 张德新, 王福元, 王瑞绵. 氟化钠对体外培养大鼠心肌细胞培养液中 NO 浓度影响. 中国热带医学, 2010, 10 (1): 73 – 74.

67. 张定校, 樊斌, 刘榜, 等. RNA 干涉 (RNAi) 技术应用于哺乳动物细胞的研究策略. 遗传, 2005, 27 (5): 839 – 844.

68. 张峰源, 赵先英, 张定林, 等. 原花青素抗肿瘤作用及机制研究进展. 重庆医学, 2012, 41 (27): 2 887 – 2 889.

69. 张华, 曾桥. 原花青素功能及应用进展. 安徽农业科学, 2011, 39 (9): 5 349 – 5 350.

70. 张建社, 等. 蛋白质分离与纯化技术. 北京: 军事医学科学出版社, 2009.

71. 张晓春. 多发性硬化中脑铁沉积的病理临床及 MRI 研究新进展. 中国医学影像技术, 2010, 26 (11): 2 205 – 2 208.

72. 张小军, 夏春镗, 吴建铭. 原花青素的资源研究. 中药材, 2009, 32 (7): 1 154 – 1 160.

73. 张晓勤, 胡金勇, 曾英, 等. 天麻蛋白质的双向电泳和肽质量指纹谱分析与鉴定, 2004 (26): 89 – 95.

74. 张妍, 吴秀香. 原花青素研究进展. 中药药理与临床, 2011, 27 (6): 112 – 115.

75. 赵广华, 云少君. 植物铁蛋白的结构、性质及其在纳米材料学的应用. 山西大学学报, 2012, 35 (2): 285 – 292.

76. 赵雪萌, 余祖江. 基因沉默的工具 – RNA 干扰技术的研究进展. 河南医学研究, 2015, 24 (1): 74 – 75.

77. 钟志容, 何勤, 刘戟. 转铁蛋白及其受体作为药物载体的研究进展. 沈阳药科大学学报, 2006, 23 (10): 676 – 680.

78. 朱厚础. 蛋白质纯化与鉴定指南. 北京: 科学出版社, 1999.

79. Abadía, J. , Vázquez, S. , Rellán-Álvarez, R. Towards a knowledge-based correction of iron chlorosis. Plant Physio Biochem, 2011 (49): 471 – 482.

80. Alcantara, O. , Javors, M. , Boldt, D. H. Induction of protein kinase C mR-NA in cultured lymphoblastoid T cells by iron-transferrin but not by soluble iron. Blood, 1991 (77): 1 290 – 1 297.

81. Allen, L. H. Anemia and iron deficiency: effects on pregnancy outcome. Am J Clin Nutr, 2000, 71 (Suppl 1): 1 280S – 1 284S.

82. Alvarez, E. , Girones, N. , Davis, R. J. Inhibition of the receptor-mediated endocytosis of diferric transferrin is associated with the covalent modification of the transferrin receptor with palmitic acid. J Biol Chem, 1990 (265): 16 644 – 16 655.

83. Amarzguioui, M. , Holen, T. , Babaie, E. et al. Tolerance formutations and chemical modifications in a siRNA. Nucl Acids Res, 2003 (31): 589 – 595.

84. Amarzguioui, M. , Prydz, H. Analgorithm for selection of functional siRNA sequences. Biochem Biophys Res Commun, 2004 (3): 1 050 – 1 058.

85. Ambe, S. , Ambe, F. , Nozuki, T. Mossbauer study of iron in soybean seeds. J Agr Food Chem, 1987 (35): 292 – 296.

86. Anderson, W. B. Diagnosis and correction of Fe deficiency in field crops: An overview. J Plant Nutr, 1982 (5): 785 – 795.

87. Andrews, N. C. Disorders of iron metabolism. N Engl J Med, 1999a (341): 1 986 – 1 995.

88. Andrews, N. C. The iron transporter DMT1. Int J Biochem Cell Biol, 1999b (31): 991 – 994.

89. Andrews, S. C. , Arosio, P. , Bottke, W. , et al. Structure, function and evolution of ferritins. J Inorg Biochem, 1992 (47): 161 – 174.

90. Argyri, K. , Miller, D. D. , Glahn, R. P. , et al. Peptides isolated from in vitro digests of milk enhance iron uptake by caco-2 cells. J Agr Food Chem, 2007, 55 (25): 10 221 – 10 225.

91. Argyri, K. , Tako, E. , Miller, D. D. , et al. Milk peptides increase iron dialyzability in water but do not affect DMT-1 expression in Caco-2 cells. J Agr Food Chem, 2009, 57 (4): 1 538 – 1 543.

92. Bagchi, D. , Bagchi, M. , Stohs, S. J. , et al. Free radicals and grape seed proanthocyanidin extract: importance in human health and disease prevention. Toxicology, 2000 (148): 187 – 197.

93. Bannon, D. I., Abounader, R., Lees, P. S. J., et al. Effect of DMT1 knockdown on iron, cadmium, and lead uptake in Caco-2 cells. Am J Physio-Cell Ph, 2003, 284 (1): C44 - C50.

94. Barisani, D., Meneveri, R., Ginelli, E., et al. Iron overload and gene expression in HepG2 cells: analysis by differential display. FEBS Lett, 2000 (469): 208 - 212.

95. Bauer, P., Ling, H. Q., Guerinot, M. L. FIT, the FER-like iron deficiency induced transcription factor in Arabidopsis. Plant Physiol Biochem, 2007 (45): 260 - 261.

96. Bauminger, E. R., Harrison, P. M., Hechel, D., et al. Mossbauer spectroscopic investigation of structure-function relations in ferritins. Biochim Biophys Acta, 1991 (1118): 48 - 58.

97. Beard, J. L., Burton, J. W., Theil, E. C. Purified ferritin and soybean meal can be sources of iron for treating iron deficiency in rats. J Nutr, 1996, 126: 154 - 160.

98. Beauchamp, J. R., Woodman, P. G. Regulation of transferrin receptor recycling by protein phosphorylation. Biochem J, 1994 (303), 647 - 655.

99. Bejjani, S., Pullakhandam, R., Punjal, R., et al. Gastric digestion of pea ferritin and modulation of its iron bioa vailability by ascorbic and phytic acids in caco-2 cells. World J Gastroentero, 2007, 13, 2 083 - 2 088.

100. Benov, L. C., Antonov, P. A., Ribarov, S. R. Oxidative damage of the membrane lipids after electr-oporation. Gen Physiol Biophys, 1994 (13): 85.

101. Ben-Shachar, D., Riederer, P., Youdim, M. B. Iron-melanin interaction and lipid peroxidation: implications for Parkinson's disease. J Neurochem, 1991 (57): 1 609 - 1 614.

102. Blais, A., Lecoeur. S., Milhaud, G., et al. Cadmium uptake and transepithelial transport in control and long-term exposed Caco-2 cells: The role of metallothionein. J Anim Physiol An N, 1999, 160 (1): 76 - 85.

103. Bolt, D. H. New perspectives on iron: an introduction. Am J Med Sci, 1999 (318): 207 - 212.

104. Bothwell, T. H., Charlton, R. W., Motulski, A. G. Hemochromatosis. In:

Scriver, C. R. , Beaudet, A. L. , Sly, W. S. , Valle, D. (Eds.), The Metabolic and Molecular Bases of Inherited Disease. McGraw-Hill. New York, 1995: 2 237 – 2 269.

105. Bottomley, S. S. , May, B. K. , Cox, T. C. , et al. Molecular defects of erythroid 5 – aminolevulinate synthase in X-linked sideroblastic anemia. J Bioenerg Biomembranes, 1995 (27): 161 – 168.

106. Bou-Abdallah, F. , Santambrogio, P. , Levi, S. , et al. Unique iron binding and oxidation properties of human mitochondrial ferritin: A comparative analysis with human H-chain ferritin. J Mol Biol, 2005b (347): 543 – 554.

107. Bou-Abdallah, F. , Zhao, G. H. , Biasiotto, G. , et al. Facilitated diffusion of iron (Ⅱ) and dioxygen substrates into human H-chain ferritin. A fluorescence and absorbance study employing the ferroxidase center substitution Y34W. J Am Chem Soc, 2008, 130: 17 801 – 17 811.

108. Bou-Abdallah, F. , Zhao, G. H. , Mayne, H. R. , et al. Origin of the unusual kinetics of iron deposition in human H-chain ferritin. J Am Chem Soc, 2005a (127): 3 885 – 3 893.

109. Briat, J. F. Mechanism of the transition from plant ferritin to phytosiderin. J Bio Chem, 1989 (264): 3 629 – 3 635.

110. Briat, J. F. Roles of ferritin in plants. J Plant Nutr, 1996 (19): 1 331 – 1 342.

111. Briat, J. F. Metal iron mediated oxidative stress and its control. In: Montagu M, Inze D, Oxidative Stress in Plants. London: Talor and Francis Publishers, 2002: 171 – 189.

112. Brown, E. M. Extracellular Ca^{2+} sensing, regulation of parathyroid cell function, and role of Ca^{2+} and other ions as extracellular (first) messengers. Physiol Rev, 1991 (71): 371 – 411.

113. Brown, J. C. Mechanism of iron uptake by plants. Plant Cell Environ, 1978 (1): 249 – 257.

114. Brummelkamp, T. R. , Bernards, R. , Agami, R. A system for stable expression of short interfering RNAs in mammalian cells. Science, 2002 (296): 550 – 553.

115. Bzdega, T. , Turi, T. , Wroblewska, B. , et al. Molecular cloning of a peptidase against N-acetylaspartylglutamate from a rat hippocampal cDNA library. J Neurochem, 1997 (69): 2 270 – 2 277.

116. Canonne-Hergaux, F. , Gruenheid, S. , Ponka, P. , et al. Cellular and subcellular localization of the Nramp2 iron transporter in the intestinal brush border and regulation by dietary iron. Blood, 1999 (93) 4 406 – 4 417.

117. Carrondo, M. A. Ferritins, iron uptake and storage from the bacterioferritin viewpoint. EMBO J, 2003 (22): 1 959 – 1 968.

118. Casey, J. L. , Hentze, M. W. , Koeller, D. M. , et al. Iron-responsive elements: regulatory RNA sequences that control mRNA levels and translation. Science, 1988 (240): 924 – 928.

119. Castanotto, D. , Tang, L. H. , Rossi, I. J. Functional siRNA expression form transfected PCR prod-ucts. RNA, 2002 (8): 1 454 – 1 460.

120. Chakravarti, S. , Sabatos, C. A. , Xiao, S. , et al. Tim-2 regulates T helper type 2 responses and autoimmunity. J Ex Med, 2005 (202): 437 – 444.

121. Chaney, R. L. , Brown, J. C. , Tiffin, L. O. Obligatory reduction of ferric chelates in iron uptake by soybeans. Plant Physiol, 1972 (50): 208 – 213.

122. Chasteen, N. D. , Harrison, P. M. Mineralization in ferritin: An efficient means of iron storage. J Struct Bio, 1999 (126): 182 – 194.

123. Chen L. L. , Bai G. L. , Yang R. , et al. Encapsulation of β-carotene within ferritin nanocages greatly increases its water-solubility and thermal stability. Food Chem, 2014 (149): 307 – 312.

124. Chen, Y. , Barak, P. Iron nutrition of plants in calcareous soils. Adv Agron, 1982 (35): 217 – 240.

125. Chen, T. T. , Li, L. , Chung, D. H. , et al. TIM-2 is expressed on B cells and in liver and kidney and is a receptor for H-ferritin endocytosis. J Exp Med, 2005 (202): 955 – 965.

126. Clarkson, D. T. , Sanderson, J. Sites of absorption and translocation of iron in barley roots, tracer and microautoradio graphid studies. Plant Physiol, 1978 (61): 731 – 736.

127. Collawn, J. F. , Lai, A. , Domingo, D. , et al. YTRF is the conserved in-

ternalization signal of the transferrin receptor, and a second YTRF signal at position (31 ± 34) enhances endocytosis. J Biol Chem, 1993 (268): 21 686 – 21 692.

128. Collawn, J. F., Stangel, M., Kuhn, L. A., et al. Transferrin receptor internalization sequence YXRF implicates a tight turn as the structural recognition motif for endocytosis. Cell, 1990 (63): 1 061 – 1 072.

129. Conrad, M. E., Parmley, R. T., Osterloh, K. Small intestinal regulation of iron absorption in the rat. J Lab Clin Med, 1987 (110): 418 – 426.

130. Conrad, M. E., Umbreit, J. N., Moore, E. G. Iron absorption and transport. Am J Med Sci, 1999 (318): 213 – 229.

131. Conrad, M. E., Umbreit, J. N., Moore, E. G., et al. Separatepathways for cellular uptake of ferric and ferrous iron. Am J Physiol-Gastro L, 2000, 279 (4): G767 – G774.

132. Cortese, S., Azoulay, R., Castellanos, F. X., et al. Brain iron levels in attention-deficit/hyperactivity disorder. a pilot MRI study. World J Biol Psychiatry, 2002 (13): 223 – 231.

133. Crichton, R. R., Herbas, A., ChavezAlba, O., et al. Identification of catalytic residues involved in iron uptake by L-chain ferritins. J Biol Inorg Chem, 1996 (1): 567 – 574.

134. Davidsson, L., Cederblad, A., Lonnerdal, B., et al. Manganese retention in man: a method for estimating manganese absorption in man. Am J Clin Nutr, 1989 (49): 170 – 179.

135. Davila-Hicks, P., Theft, E. C., Lonnerdal, B. L. Iron in ferritin or in salts (ferrous sulfate) is equally available in non-ancmic wonen. Am J Clin Nulr, 2004 (27): 327 – 343.

136. Davidsson, L., Lonnerdal, B., Sandstrom, B., et al. Identification of transferrin as the major plasma carrier protein for manganese introduced orally or intravenously or after in vitro addition in the rat. J Nutr, 1989b (119): 1 461 – 1 464.

137. Deak, M., Horvath, G. V., Davletova, S. Plants ectopically expressing the iron-binding protein, ferritin, are tolerant to oxidative damage and pathogens. Nat Biotechnol, 1999 (17): 192 – 196.

138. Deng, J., Li, M., Zhang, T., et al. Binding of proanthocyanidins to soy-

bean（*Glycine max*）seed ferritin inhibiting protein degradation by protease in vitro. Food Res Int, 2011（44）: 33 – 38.

139. Deng, J., Liao, X., Yang, H., et al. Role of H-1 and H-2 subunits of soybean seed ferritin in oxidativedeposition of iron in protein. J Biol Chem, 2010（285）: 32 075 – 32 086.

140. Dewey, K. G., Domellöf, M., Cohen, R. J., et al. Iron supplementation affects growth and morbidity of breast-fed infants: results of a randomized trial in Sweden and Honduras. J Nutr, 2002（132）: 3 249 – 3 255.

141. Dickson, P. W., Aldred, A. R., Marley, P. D., et al. High realbumin and transferrin mRNA levels in the choroid plexus of rat brain. Biochem Biophys Res Commun, 1985（127）: 890 – 895.

142. Donovan, A., Brownile, A., Zhou, Y., et al. Positional cloning of zebrafish ferroportin identifies a conserved vertebrate iron exporter. Nature, 2000（403）: 776 – 781.

143. Douglas, T., Dickson, D., Betteridge, S., et al. Synthesis and structure of an iron（Ⅲ）sulfide-ferritin bioinorganic nanocomposite. Science, 1995（269）: 54 – 57.

144. Douglas, T., Stark, V. T. Nanophase cobalt oxyhydroxidemineral synthesized within the protein cage of ferritin. Inorg chem, 2000（39）: 1 828 – 1 830.

145. Duxbury, M. S., Whang, E. E. RNA interference : A Practical Approach. J Surg Res, 2004（117）: 339 – 344.

146. Ekmekcioglu, C., Feyertag, J., Marktl, W. A ferric reductase activity is found in brush border membrane vesicles isolated from Caco-2 cells. J Nutr, 1996（126）: 2 209 – 2 217.

147. Espinoza. A., Le Blanc, S., Olivares, M., et al. Iron, copper and zinc transport: Inhibition of divalent metal transporter 1（DMT1）and human copper transporter 1（hCTR1）by shRNS. Biol Trace Ele Res, 2012, 146（2）: 281 – 286.

148. Finch, C. Regulators of iron balance in humans. Blood, 1994, 84, 1 697 – 1 702.

149. Fleet, J. C. Identification of Nramp2 as an iron transport protein: another piece of the intestinal iron absorption puzzle. Nutr Rev, 1998（56）: 88 – 89.

150. Fleming, M. D. , Trenor, C. C. , Su, M. A. , et al. Microcytic anemia mice have a mutation in Nramp2 a candidate iron transporter gene. Nat Genet, 1999 (16): 383 – 386.

151. Fleming, M. D. , Romano, M. A. , Su, M. A. , et al. Nramp2 is mutated in the anemic Belgrade (b) rat: evidence of a role for Nramp2 in endosomal iron transport. Proc Natl Acad Sci USA, 1998 (95): 1 148 – 1 153.

152. Fleming, R. E. , Migas, M. C. , Zhou, X. Y. , et al. Mechanism of increased iron absorption in murine model of hereditary hemochromatosis: increased duodenal expression of the iron transporter DMT1. Proc Natl Acad Sci USA, 1999 (96): 3 143 – 3 148.

153. Fobis-Loisy, I. , Loridon, K. , Lobreaux, S. , et al. Structure and differential expression of two maize f erritin genes in response to iron and abscisic acid. Eur J Biochem, 1995 (232): 609 – 619.

154. Fuchs, H. , Lucken, U. , Tauber, R. , et al. Structural model of phospholipid-reconstituted human transferrin receptor derived by electron microscopy. Structure, 1998 (6): 1 235 – 1 243.

155. Fu, J. , Cui, Y. S. In vitro digestion/Caco-2 cell model toestimate cadmium and lead bioaccessibility/bioavailability in two vegetables: The influence of cooking and additives. Food Chem Toxicol, 2013 (59): 215 – 221.

156. Fuller, K. E. , Casparian, J. M. Vitamin D: balancing cutaneous and systemic considerations. South Med J, 2001, 94 (1): 58 – 64.

157. Fu, X. , Deng, J. , Yang, H. , et al. A novel EP-involved pathway for iron release from soya bean seed ferritin. Biochem J, 2010 (427): 313 – 321.

158. Gálvez N, Fernandez B, Valero E, et al. Apoferritin as a nanoreactor for preparing metallic nanoparticles. Comptes Rendus Chimi, 2008 (11): 1 207 – 1 212.

159. Gdaniec, Z. , Sierzputowska-Gracz, H. , Theil, E. C. Iron regulatory element and internal loop/bulge structure for ferritin mRNA studied by cobalt (Ⅲ) hexammine binding, molecular modeling, and NMR spectroscopy. Biochemistry, 1998 (37): 1 505 – 1 512.

160. Georgia, D. , Paul, C. , Eva, S. Constitutive expression of soybean ferritin cDNA intransgenic wheat and rice results in increased iron levels in vegetative tissues

but not inseeds. Transgenic Res, 2000 (9): 445 –452.

161. Gerlach, M., Ben-Shachar, D., Riederer, P., et al. Altered brain metabolism of iron as a cause of neurodegenerative diseases? J Neurochem, 1994 (63): 793 –807.

162. Gordeouk, V., Mikiibi, J., Hasstedt, S. J. Iron overload in Africa. Interaction between a gene and dietary iron content. N Engl Med, 1992a (326): 95 –100.

163. Gordeuk, V. R., Ballou, S., Lozanski, G., et al. Decreased concentrations of tumornecrosis factor-a in supernatants of monocytes from homozygotes for hereditary hemochromatosis. Blood, 1992b (79): 1 855 –1 860.

164. Goto, F., Yoshihara, T., Masuda, T., et al. Genetic improvement of iron content and stress adaptation in plants using ferritin gene. Biotechnol Genet Eng, 2001 (18): 51 –71.

165. Goto, F., Yoshihara, T., Saiki, H. Iron accumulation and enhanced growth in transgenic lettuce plants expressing the iron-binding protein ferritin. Theor Appl Genet, 2000 (100): 658 –664.

166. Goto, F., Yoshihara, T., Shigemoto, N., et al. Iron fortification of rice seed by the soybean ferritin gene. Nat Biotech nol, 1999 (17): 282 –286.

167. Grady, J. K., Chen, Y., Chasteen, N. D., et al. Hydroxyl radical production during oxidative deposition of iron in ferritin. J Bio Chem, 1989 (264): 20 224 –20 229.

168. Grimes, R., Reddy, S. V., Leach, R. J., et al. Assignment of the mouse tartar-resisitant acid phosphatase gene (Acp5) to chromosome. Genomics, 1993 (15): 421 –422.

169. Gruenheid, S., Cellier, M., Vidal, S., et al. Identification and characterization of a second mouse Nramp gene. Genomics, 1995 (25): 514 –525.

170. Guerinot, M. L., Yi, Y. Iron: nutritious, noxious, and not readily available. Plant Physiol, 1994 (104): 815 –820.

171. Gunshin, H., Mackenzie, B., Berger, U. V., et al. Cloning and characterization of a mammalian proton-coupled metal-ion transporter. Nature, 1997 (388): 482 –488.

172. Guyot, S., Pellerin, P., Brillouet, J. M., et al. Inhibition of β-glucosi-

dase (*Amygdalae dulces*) by (+) -catechin oxidation products and procyanidin dimmers. Bioscience Biotechnology and Biochemistry, 1996 (60): 1 131 – 1 135.

173. Hallberg, L. Bioavailability of dietary iron in man. Annu Rev Nutr, 1981 (1): 123 – 147.

174. Han, O., Failla, M. L., Hill, A. D., et al. Reduction of Fe (Ⅲ) is required for uptake of nonheme iron by Caco-2 cells. J Nutr, 1995 (125): 1 291 – 1 299.

175. Hany, E. S., Emam, A. R., Omar, S., et al. Comparison of nutritional and antinutritional factors in soybean and faba bean seeds with or without cortex. Soil Science and Plant Nutrition, 2000 (46): 515 – 524.

176. Harper, J. W., Adami, G. R., Wei, N., et al. The p21Cdk-interacting protein Cip1 is a potent inhibitor of G1 cyclin-dependent kinases. Cell, 1993 (75): 805 – 816.

177. Harris, Z. L., Klomp, L. W., Gitlin, J. D. Aceruloplasminemia: an inherited neurodegenerative disease with impairment of iron homeostasis. Am J Clin Nutr, 1998 (67): 972 – 977.

178. Harrison, P. M., Arosio, P. The ferritins: molecular properties, iron storage function and cellular regulation. Biochimica et Biophysica Acta. Bio-Energ, 1996 (1275): 161 – 203.

179. He, W. L., Li, X. L., Shentu, J. L., et al. Effects of cadmiumpollution in soil on cadmium accumulation of cabbage and its biological effects on human intestinal cells line. Procedia Engineering, 2011 (18): 157 – 161.

180. Heaney, R. P., Weaver, C. M., Recker, R. R. Calcium absorbability from spinach. J Am Coll Nutr, 1988 (47): 707 – 709.

181. Hoefkens, P., Smit, M. H., deJeu-Jaspars, N. M., et al. Isolation, renaturation and partial characterization of recombinant human transferrin and its half molecules from Escherichia coli. Int J Biochem Cell Biol, 1996 (28): 975 – 982.

182. Hohjoh, H. Enhancement of RNAi activity by improved siRNA duplexes. FEBS Lett, 2004 (557): 193 – 198.

183. Hoppler, M., Schönbächler, A., Meile, L., et al. Ferritin-iron is released during boiling and in vitro gastric digestion. J Nutr, 2008 (138): 878 – 884.

184. Horigome, T. , Kumar, R. , and Okamota, K. Effects of condensed tannins prepared from leaves of fodder plants on digestive enzymes in vitro and in the intestine of rats. British. Journal of Nutrition, 1988 (60): 275 – 285.

185. Hu, M. , Chen, J. , Lin, H. M. Metabolism of flavonoids via enteric recycling mechanistic studies of disposition of apigenin in the Caco-2 cell culture model. J Pharmacol Exp Ther, 2003 (307): 314 – 321.

186. Hyde, B. B. , Hodge, A. J. , Kahn, A. , et al. Studies of phytoferritin identification and localization. Journal of Ultrastructure Research, 1963 (9): 248 – 258.

187. Hyder, S. M. , Persson, L. , Chowdhury, A. M. , et al. Do side-effects reduce compliance to iron supplementation? A study of daily and weekly-dose regimens in pregnancy. J Health Popul Nutr, 2002 (20): 175 – 179.

188. Hynes, M. J. , and Coinceanainn, M. O. Investigation of the release of iron from ferritin by naturally occurring antioxidants. J Inorg Biochem, 2002 (90): 18 – 21.

189. Hoppler, M. , Schönbächler, A. , Meile, L. , et al. Ferritin-iron is released during boiling and in vitro gastric digestion. J Nutr, 2008 (138): 878 – 884.

190. Iacopetta, B. J. , Rothenberger, S. , Kuhn, L. C. A role for the cytoplasmic domain in transferrin receptor sorting and coated pit formation during endocytosis. Cell, 1988 (54): 485 – 489.

191. Ivanova, E. , Jowitt, T. A. , and Liu, H. Assembly of the mitochondrial Tim9 – Tim10 complex: muti-step reaction with novel intermediates. J Mol Biol, 2008 (375): 229 – 239.

192. Iwahori, K. , Takagi, R. , Kishimoto, N. , et al. A size controlled synthesis of CuS nano-particles in the protein cage, apoferritin. Mater Lett, 2011 (65): 3 245 – 3 247.

193. Iwahori, K. , Yoshizawa K. , Muraoka, M. , et al. Fabrication of ZnSe nanoparticles in the apoferritin cavity by designing a slow chemical reaction system. Inorg Chem, 2005 (44): 6 393 – 6 400.

194. Janmey, P. A. , Hvidt, S. , Käs, J. , et al. The mechanical properties of actin gels. Elastic modulus and filament motions. J Biol Chem, 1994 (269): 32 503 –

32 513.

195. Jaqtap, U. B. , Gurav, R. G. , Bapat, V. A. Role of RNA interference in plant improvement. Naturwissenschaften, 2011 (98): 473 - 492.

196. Jing, S. Q. , Trowbridge, I. S. Identification of the intermolecular disulfide bonds of the human transferrin receptor and its lipid-attachment site. EMBO J, 1987 (6): 327 - 331.

197. Johnson, D. M. , Yamaji, S. , Tennant, J , et al. Regulation of divalent metal transporter expression in human intestinal epithelial cells following exposure to non-heme iron. FEBS letters, 2005, 579 (9): 1 923 - 1 929.

198. Kalgaonkar, S. , Lönnerdal, B. Effects of dietary factors on iron uptake from ferritin by Caco-2 cells. J Nutr Biochem, 2008 (19): 33 - 39.

199. Katayama, H. , Nagasu, T. , and Oda, Y. Improvement of in-gel digestion protocol for peptide mass fingerprinting by matrix-assisted laser desorption/ionization time-of-flight mass spectrometry. Rapid Commun. Mass Spectrom, 2001 (15): 1 416 - 1 421.

200. Katoch, R. , Thakur, N. Advances in RNA interference technollgy and its impact on nutritional improvement, disease and insect control inplants. Appl Biochem Biotechnol, 2013 (169): 1 579 - 1 605.

201. Ke, Y. , Wu, J. , Leibold, E. A. , et al. Loops and bulge/loops in iron-responsive element isoforms influence iron regulatory protein binding. Fine-tuning of mRNA regulation. J Biol Chem, 1998 (273): 23 637 - 23 640.

202. Khvorova, A. , Reynolds, A. , Jayasena, S. D. Functional siRNAs and miRNAs exhibit strand bias. Cel 1, 2003 (115): 209 - 213.

203. Kramer, R. M. , Li, C. , Carter, D. C. , et al. Engineered protein cages for nanomaterial synthesis. J Am Chem Soc, 2004 (126): 13 282 - 13 286.

204. Kuhn, L. C. Control of cellular iron transport and storage at the molecular level. In: Hallberg, L. , Asp, N. -G. (Eds.), Iron Nutr Health Dis, London, UK, 1996: 17 - 29.

205. Ladakis, S. M. , Nerem, R. M. Endothelial cell monolayer formation: effect of substrate and fluid shear stress. Endothelium, 2004, 11 (1): 29 - 44.

206. Laemmli, U. K. Cleavage of Structural Proteins during the Assembly of the

Head of Bacteriophage T4. Nature, 1970 (227): 680 – 685.

207. Laparra, J. M., Vélez, D., Montoro, R., et al. Estimation of arsenic bioaccessibility in edible seaweed by an in vitro digestion method. J Agr Food Chem, 2003, 51 (20): 6 080 – 6 085.

208. Laulhere, J. P., Briat, J. F. Iron release and uptake by plant ferritin: effects of pH, reduction and chelation. Biochem J, 1993 (290): 693 – 696.

209. Laulhere, J. P., Laboure, A. M., and Briat, J. F. Mechanism of the transition from plant ferritin to phytosiderin. J Biol Chem, 1989 (264): 3 629 – 3 635.

210. Laurie, O. S., Marvin A. J., Trevor, D., et al. Bioaccessibility uptake and transport of carotenoids from peppers (*Capsicum* spp.) using thecoupled digestion and human intestinal Caco-2 cell model. J Agric Food Chem, 2010 (589): 5 374 – 5 379.

211. Lawrence, C. M., Ray, S., Babyonyshev, M., et al. Crystal structure of the ectodomain of human transferrin receptor. Science, 1999 (286): 779 – 782.

212. Lawson, D. M., Artymiuk, P. J., Yewdall, S. J., et al. Solving the structure of human H ferritin by genetically engineering intermolecular crystal contacts. Nature, 1991 (349): 541 – 544.

213. Layrisse, M., Martinez-Torres, C., Renzy, M. et al. Ferritin iron absorption in man. Blood, 1975 (45): 689 – 698.

214. Lee, J., Chasteen, N. D., Zhao, G., et al. Deuterium structural effects in inorganic and bioinorganic aggregates. J Am Chem Soc, 2002 (124): 3 042 – 3 049.

215. Lee, J., Kim, S. W., Kim, Y. H., et al. Active human ferritin H/L-hybrid and sequence effect on folding efficience in Escherichia coli. Biochem Bioph Res Co, 2002 (298): 225 – 229.

216. Lee, P. L., Gelbart, T., West, C., et al. The human Nramp2 gene: characterization of the gene structure, alternative splicing, promoter region and polymorphisms. Blood Cells Mol Dis, 1998 (24): 199 – 215.

217. Lescure, A. M., Proudhon, D., Pesey, H., et al. Ferritin gene transcription is regulated by iron in soybean cell cultures. P Natl Acad Sci USA, 1991 (88): 8 222 – 8 226.

218. Leung, A. K. , Chan, K. W. Iron deficiency anemia. Adv Pediatr, 2001 (48): 385 – 408.

219. Levi, S. , Yewdall, S. J. , Harrison, P. M. , et al. Evidence of H-and L-chains have co-operative roles in the iron-uptake mechanism of human ferritin. Biochem J, 1992 (288): 591 – 596.

220. 2Ling, P. , Roberts, R. M. Overexpression of uteroferrin, a lysosomal acid phosphatase found in porcine uterine secretions, results in its high rate of secretion from transfected fibroblasts. Biol Reprod, 1993a (49): 1 317 – 1 327.

221. Li, C. R. , Hu, X. S. , and Zhao, G. H. Two different H-type subunits from pea seed (*Pisum sativum*) ferritin that are responsible for fast Fe (Ⅱ) oxidation. Biochimie, 2009b (91): 230 – 239.

222. Li, C. , Fu, X. , Qi, X. , et al. Protein association and dissociation regulated by ferric ion: A novel pathway for oxidative deposition of iron in pea seed ferritin. J Biol Chem, 2009a (284): 16 743 – 16 751.

223. Li, L. , Fang, C. J. , Ryan, J. C. , et al. Binding and uptake of H-ferritin are mediated by human transferrin receptor-1. Proc Natl Acad Sci USA, 2010 (107): 3 505 – 3 510.

224. Li, M. L. , Jia, X. L. , Yang, J. Y. , et al. Effect of tannic acid on properties of soybean (*Glycine max*) seed ferritin: a model for interaction between naturally-occurring components in foodstuffs. Food Chem, 2012 (133): 410 – 415.

225. Li M. L. , Zhang T. , Yang H. X. , et al. A novel calcium supplement prepared by phytoferritin nanocages protects against absorption inhibitors through a unique pathway. Bone, 2014 (64): 115 – 123.

226. Ling, P. , Roberts, R. M. Uteroferrin and intracellular tartrate-resistant acid phosphatases are the products of the same gene. J Biol Chem, 1993b (268): 6 896 – 6 902.

227. Liu, X. , & Theil, E. C. Ferritins: Dynamic management of biological iron andoxygen chemistry. Accounts Chem Res, 2005 (38): 167 – 175.

228. Lobréaux, S. , Briat, J. F. Ferritin accumulation and degradation in different organs of pea (*Pisum sativum*) during development. Biochem J, 1991 (274): 601 – 606.

229. Lobréaux, S., Yewdall, S. J., Briat, J. F., et al. Amino-acid-sequence and predicted 3 – dimensional structure of pea seed (*Pisum dativum*) ferritin. Biochem J, 1992, 288: 931 –939.

230. Lönnerdal, B. Soybean ferritin: implications for iron status of vegetarians. Am J Clin Nutr, 2009 (89): 1 680S – 1 685S.

231. Lönnerdal, B., Bryant, A., Liu, X., et al. Iron absorption from soybean ferritin in nonanemic women. Am J Clin Nutr, 2006 (83): 103 – 107.

232. Lord, D. K., Cross, N. C., Bevilacqua, M. A., et al. Type 5 acid phosphatase. Sequence, expression and chromosomal localization of a differentiation-associated protein of the human macrophage. Eur J Biochem, 1990 (189): 287 – 293.

233. Lucca, P., Hurrell, R., Potrykus, I. Fighting iron deficiency anemia with iron-rich rice. Am J Coli Nutr, 2002, 21 (3): 184 – 190.

234. Lynch, S. R., Dassenko, S. A., Beard, J. L., et al. Iron absorption from legumes in humans. Am J Clin Nutr, 1984 (40): 42 – 47.

235. Macfarlane, D. E., and Manzel, L. Activation of beta-isozyme of protein kinase C (PKC) beta is necessary and sufficient for phorbol ester-induced differentiation of HL-60 promyelocytes. Studies with PKC beta-defective PET mutant. J Biol Chem, 1994 (269): 4 327 – 4 331.

236. Mackle, P., Charnock, J. M., Garner, C. D., et al. Characterization of the manganese core of reconstituted ferritin by X-ray absorption spectroscopy. J Am Chem Soc, 1993 (115): 8 471 – 8 472.

237. Majuri, R., Grasbeck, R. A rosette receptor assay with haem-microbeads. Demonstration of a haem receptor on K562 cells. Eur J Haematol, 1987 (38): 21 – 25.

238. Masuda, T., Goto, F., Yoshihara, T., et al. Crystal structure of plant ferritin reveals a novel metal binding sit that functions as a transit site for metal transfer in ferritin. J Bio Chem, 2010 (285): 4 049 – 4 059.

239. Masuda, T., Goto, F., Yoshihara, T. A novel plant ferritin subunit from soybean that is related to a mechanism in iron release. J Bio Chem, 2001 (276): 19 575 – 19 579.

240. May, B. K., Dogra, S. C., SAadlon, T. J., et al. Molecular regulation of heme biosynthesis in higer vertebrates. Progr. Nucl. Acid Res. Mol. Biol., 1995: 511 –

551.

241. McClelland, A. , Kuehn, L. C. , Ruddle, F. H. The human transferrin receptor gene: genomic organization, and the complete primary structure of the receptor deduced from a cDNA sequence. Cell, 1984 (39): 267 – 274.

242. McKie, A. T. , Marciani, P. , Rolfs, A. , et al. A novel duodenal iron-regulated transporter, IREG1, implicated in the basolateral transfer of iron to the circulation. Mol Cell, 2000 (5): 299 – 309.

243. Meldrum, F. C. , Douglas, T. , Levi, S. , et al. Reconstitution of manganese oxide cores in horse spleen and recombinant ferritins. J Inorg Biochem, 1995 (58): 59 – 68.

244. Moos, T. , Trinder, D. , Morgan, E. H. Cellular distribution of ferric iron, ferritin, transferrin and divalent metal transporter 1 DMT1 in substantia nigra and basal ganglia of normal and beta 2 – microglobulin deficient mouse brain. Cell Mol Biol, 2000 (46): 549 – 561.

245. Morgan, E. H. Effect of pH and iron content of transferrin on its binding to reticulocyte receptors. Biochim. Biophys. Acta, 1983 (762): 498 – 502.

246. Murray-Kolb, L. E. , Takaiwa, F. , Goto, F. , et al. Transgenic Rice Is a Source of Iron for Iron-Depicted Rats. J Nutr, 2002 (132): 957 – 960.

247. Murray-Kolb, L. E. , Welch, R. , Theil, E. C. , et al. Women with low iron stores absorb iron from soybeans. Am J Clin Nutr, 2003 (77): 180 – 184.

248. Nordin, B. E. C. Calcium, phosphate and magnesium metabolism. Edinburgh: Churchill Livingston, 1976.

249. Nunez, M. T. , Alvarez, X. , Smith, M. , et al. Role of redox systems on Fe^{3+} uptake by transformed human intestinal epithelial (Caco-2) cells. Am J Physiol, 1994 (267): 1 582 – 1 588.

250. Omary, M. B. , Trowbridge, I. S. Biosynthesis of the human transferrin receptor in cultured cells. J Biol Chem, 1981 (256): 12 888 – 12 892.

251. Okuda, M. , Kobayashi, Y. , Suzuki, K. , et al. Self-organized inorganic nanoparticle arrays on protein lattices. Nano Lett, 2005 (5): 991 – 993.

252. Okuda, M. , Iwahori, K. , Yamashita, I. , et al. Fabrication of nickel and chromium nanoparticles using the protein cage of apoferritin. Biotechnol and Bioeng,

2003 (84): 187 – 194.

253. Opdenbuijs, J. , Musters, M. , Verrips, T. , et al. Mathematical modeling of vascular endothelial layer maintenance: the role of endothelial cell division, progenitor cell homing, and telomere shortening. Am J Physiology-Heart C, 2004, 287 (6): 2 651 – 2 658.

254. Pal, G. P. , Elce, J. S. , Jia, Z. Dissociation and aggregation of calpain in the presence of calcium. J Biol Chem, 2001 (276): 47 233 – 47 238.

255. Pankaja, N. , Prakash, J. Availability of calcium from kilkeerai (*Amaranthus tricolor*) and drumstick (*Moringa oleifera*) greens in weanling rats. Nahrung, 1994 (38): 199 – 203.

256. Parmley, R. T. , May, M. E. , Spicer, S. S. , et al. Ultrastructural distribution of inorganic iron in normal and iron-loaded hepatic cells. Lab Invest, 1981b (44): 475 – 485.

257. Pead, S. , Durrant, E. , Webb, B. , et al. Metal ion binding to apo, holo, and reconstituted horse spleen ferritin. J Inorg Biochem, 1995 (59): 15 – 27.

258. Pena, M. M. O. , Lee, J. , Thiele, D. J. A delicate balance: homeostatic control of copper uptake and distribution. J Nutr, 1999, 129 (7): 1 251 – 1 260.

259. Petit, J. M. , , Van Wuytswinkel, O. , Briat, J. F. , et al. Characterization of an iron-dependent regulatory sequence involved in the transcriptional control of AtFer1 and ZmFer1 plant ferritin genes by iron. J Biol Chem, 2001 (276): 5 584 – 5 590.

260. Petra, R. M. , Wolf, G. B. Iron reductase systems on the plant plasma membrane a review. Plant and Soil, 1994 (165): 241 – 260.

261. Pietrangelo, A. , Rocchi, E. , Casalgrandi, G. , et al. Regulation of transferrin, transferrin receptor, and ferritin genes in human duodenum. Gastroenterology, 1992 (102): 802 – 809.

262. Pinto M. , Robine-Leon S. , Appay M. D. , et al. Enterocyte-like differentiation and polarization of the human colon carcinoma cell line Caco-2 in culture. Biol Cell, 1983, 47 (3): 323 – 330.

263. Ponka, P. , Lok, C. N. The transferrin receptor: role in health and disease. Int. J Biochem Cell Biol, 1999 (31): 1 111 – 1 137.

264. Proudhon, D., Briat, J. F., Lescure, A. M. Iron in duction of ferritin synthesis in soybean cell susp ensions. Plant Physiol, 1989 (90): 586 – 590.

265. Pugalenthi, M., Vadivel, V., Siddhuraju, P. Alternative food/feed perspectives of an under utilized legume Mucuna pruriens var. Utilis – A review. Plant Foods Hum Nutr, 2005 (60): 201 – 218.

266. Ragland, M., Briat, J. F., Gagnon, J., et al. Evidence for conservatio n of ferritin sequence s among plants and animals and for a transit peptide in soybean. J Biol Chem, 1990 (265): 18 339 – 18 344.

267. Ragland, M., Theil, E. C. Ferritin (mRNA, protein) and iron concentrations during soybean nodule development. Plant Mol Biol, 1993 (21): 555 – 560.

268. Reddy, S. V., Alcantara, O., Boldt, D. H. Analysis of DNA binding proteins associated with hemin-induced transcriptional inhibition. The hemin response element binding protein is a heterogenerous complex that includes the Ku protein. Blood, 1998 (91): 1 793 – 1 801.

269. Reddy, S. V., Alcantara, O., Roodman, G. D., et al. Inhibition of tartrate-resistant acid phosphatase gene expression by hemin and protoporphyin IX. Identification of a hemin-responsive inhibitor of transcription. Blood, 1996 (88): 2 288 – 2 297.

270. Reynolds, A., Leake, D., Boese, Q., et al. Rational siRNA design for RNA interference. Nat Bio technol, 2004 (22): 326 – 330.

271. Riedel, H. D., Remus, A. J., Fitscher, B. A., et al. Characterization and partial puri © cation of a ferrireductase from human duodenal microvillus membranes. Biochem J, 1995 (309): 745 – 748.

272. Rogers, J., Lacroix, L., Durmowitz, G., et al. The role of cytokines in the regulation of ferritin expression. Adv Exp Med Biol, 1994 (356): 127 – 132.

273. Romheld, V., Marschner, H. Mechanism of iron up take by peanut: I. Fe^{3+} reduction, chelate splitting and release of phenolics. Plant Physiol, 1983 (71): 949 – 954.

274. Romheld, V., Marschner, H. Mobilization of iron in the rhizosphere of different plant species. Adv Plant Nutri, 1986 (2): 155 – 204.

275. Rothenberger, S., Food, M. R., Gabathuler, R., et al. Coincident ex-

pression and distribution of melanotransferrin and transferring receptor in human brain capillary endothelium. Brain Res, 1996 (712): 117 – 121.

276. Rouault, T. A., Hentze, M. W., Dancis, A., et al. Influence of altered transcription on the translational control of human ferritin expression. Proc Natl Acad Sci USA, 1987 (84): 6 335 – 6 339.

277. Rothenberger, S., Iacopetta, B. J., Kuehn, L. C. Endocytosis of the transferrin receptor requires the cytoplasmic domain but not its phosphorylation site. Cell, 1987 (49): 423 – 431.

278. Rutledge, E. A., Enns, C. A. Cleavage of the transferrin receptor is influenced by the composition of the O-linked carbohydrate at position 104. J Cell Physiol, 1996 (168): 284 – 293.

279. Sadasivan, B., Lehner, P. J., Ortmann, B., et al. Roles for calreticulin and a novel glycoprotein, tapasin, in the interaction of MHC class I molecules with TAP. Immunity, 1996 (5): 103 – 114.

280. Salter-Cid, L., Brunmark, A., Peterson P. A., et al. The major histo-compatibility complex-encoded class I-like HFE abrogates endocytosis of transferrin receptor by inducing receptor phosphorylation. Genes Immunity, 2000a (1): 409 – 417.

281. Sambruy, Y., Ferruzza, S., Ranaldi, G., et al. Intetinal cell culture modes: applications in toxicology and pharmacology. Cell biol toxicol, 2001, 17 (4): 301 – 317.

282. San Martin, C. D., Garri, C., Pizarro, F., et al. Caco-2 intestinal epithelial cells absorb soybean ferritin by μ2 (AP2) -dependent endocytosis. J Nutr, 2008 (138): 659 – 666.

283. Santi, S., Schmidt, W. Dissecting iron deficiency-induced proton extrusion in Arabidopsis roots. New Phytol, 2009 (183): 1 072 – 1 084.

284. Santos, P. C., Dinardo, C. L., Cancado R. D., et al. Non-HFE hemochromatosis. Rev Bras Hematol Hemoter, 2012 (34): 311 – 316.

285. Sayers, M., Lynch, S., Jacobs, P., et al. The effects of ascorbic acid supplementation on the absorption of iron in maize, wheat and soya. Br J Haematol, 1973 (24): 209 – 218.

286. Schloerb, P. R. Glucose in parenteral nutrition: Asurvey of US medical cen-

ters. J Parenter Enter, 2004, 28 (6): 447 – 452.

287. Schmidt, H. H. , Lohmann, S. M. , Walter, U. The nitricoxide and cGMP signal transduction system: regulation and mechanism of action. BBA, 1993 (1178): 153 – 175.

288. Schneider, C. , Owen, M. J. , Banville, D. , et al. Primary structure of human transferring receptor deduced from the mRNA sequence. Nature, 1984 (311): 675 – 679.

289. Schneider, C. , Sutherland, R. , Newman, R. , et al. Structural features of the cell surface receptor for transferrin that is recognized by the monoclonal antibody OKT9. J Biol Chem, 1982 (257): 8 516 – 8 522.

290. Schutze N. siRNA technology. Mol Cell Endocrinol, 2004, 213 : 115 – 119.

291. Serfass, R. E. , Reddy, M. B. Breast milk fractions solubilize Fe (Ⅲ) and enhance iron flux across Caco-2 cells. J nutr, 2003, 133 (2): 449.

292. Sinha, S. K. RNAi induced gene silencing in cropimprovement. Physiol Mol Biol Plants, 2010, 16 (4): 321 – 332.

293. Strube, Y. N. J. , Beard, J. L. , Ross, A. C. Iron deficiency and marginal vitamin A deficiency affect growth, hematological indices and the regulation of iron metabolism genes in rats. J Nutr 2002 (132): 3 607 – 3 615.

294. Takagi, S. C. Production of phytosiderophores //Barton LL, Hemming BC, eds. Iron chelation in plants and soil microorganisms. Clarendon: Academic Press Inc, Harcourt Brace Jovanovich Publishers, 1993: 111 – 130.

295. Takeda, A. , Devenyi, A. , Connor, J. R. Evidence for non-transferrin-mediated uptake and release of iron and manganese in glial cell cultures from hypotransferrinemic mice. J Neuro sci Res, 1998 (51): 454 – 462.

296. Tandy, S. , Williams, M. , Leggett, A. , et al. Nramp2 expression is associated with pH-dependent iron uptake across the apical membrane of human intestinal Caco-2 cells. J Biol Chem, 2000 (275): 1 023 – 1 029.

297. Theil, E. C. The iron responsive element (IRE) family of mRNA regulators. Regulation of iron transport and uptake compared in animals, plants, and microorganisms. Metal Ions Biol, 1998 (35): 403 – 434.

298. Theil, E. C. Iron, ferritin, and nutrition. Annu Rev Nutr, 2004 (24):

327 – 343.

299. Theil, E. C. , Hase, T. Plant and microbial ferritin, and cellular function in animals, plants and microorganisms. Annual Review of Biochemistry, 1993 (56): 289 – 315.

300. Tian, X. J, Yang, X. W. , Yang, X. D. , et al. Studies of intestinal permeability of 36 flavonoids using Caco-2 cell monolayer model. Int J Pharm, 2009 (367): 58 – 64.

301. Thomson, A. M. , Rogers, J. T. , Leedman, P. J. Iron-regulatoryproteins, iron-re-sponsiveelements and ferritin mRNA translation. Int J Biochem Cell Biol, 1999, 31 (10): 1 139 – 1 152.

302. Todorich, B. , Zhang, X. , Slagle-Webb, B. , et al. Tim-2 is the receptor for H-ferritin on oligodendrocytes. J Neurochem, 2008 (107): 1 495 – 1 505.

303. Tonetti, D. A. , Henning-Chubb, C. , Yamanishi, D. T. , et al. Protein kinase C-beta is required for macrophage differentiation of human HL-60 leukemia cells. J Biol Chem, 1994 (269): 23 230 – 23 235.

304. Tonomura, B. , Nakatani, H. , Ohnishi, M. , et al. Test reactions for a stopped-flow apparatus-reduction of 2, 6 – dichlorophenolindophenol and potassium ferricyanide by l-ascorbic-acid. Anal Biochem, 1978 (84): 370 – 383.

305. Toussaint, L. , Bertrand, L. , Hue, L. , et al. High-resolution X-ray structures of human apoferritin H-chain mutants correlated with their activity and metal-binding sites. J Mol Biol, 2007 (365): 440 – 452.

306. Treffry, A. , Hirzmann, J. , Yewdall, S. J. , et al. Mechanism of catalysis of Fe (Ⅱ) oxidation by ferritin-h chains. FEBS Lett, 1992 (302): 108 – 112.

307. Ueno, T. , Suzukim, M. , Goto, T. , et al. Size-selective olefin hydrogenation by a pd nanocluster provided in an apo-ferritin cage. Angewandte Chemie, 2004 (116): 2 581 – 2 584.

308. Ui-Tei, K. , Naito, Y. , Takahashi, F. , et al. Guide lines for the selection of highly effective siRNA sequences for mammalian and chick RNA interference. Nucl Acids Res, 2004 (32): 936 – 948.

309. Umbreit, J. N. , Conrad, M. E. , Moore, E. G. , et al. Iron absorption and cellular transport: the mobilferrin/paraferritin paradigm. Seminars Hematol, 1998

（35）：13 – 26.

310. Ukwuru，M. U. Effect of processing on the chemical qualities and functional properties of soy flour. Plant Foods Hum Nutr，2003（58）：1 – 11.

311. Vidal，S. M. ，Malo，D. ，Vogan，K. ，et al. Natural resistance to infection with intracellular parasites：isolation of a candidate for Bcg. Cell，1993（73）：469 – 485.

312. Wade，V. J. ，Treffry，A. ，Laulhère，J. P ，et al. Structure and composition of ferritin cores from pea seed（*Pisum sativum*）. BBA，1992（1161）：91 – 96.

313. Walker-Bone，K. ，Dennison，E. ，Cooper，C. Epidemiology of osteoporosis. Rheum Dis Clin N Am，2001，27（1）：1 – 18.

314. Wang，D. J. ，Williams，B. A. ，Ferruzzi，M. G. ，et al. Microbial metabolites but not other phenolics derived from grape seed phenolic extract are transported through differentiated Caco-2 cell monolayers. Food Chem，2013（138）：1 564 – 1 573.

315. Wang，K. K. W. ，Mann，S. Biomimetic synthesis of sulfide-ferritin nanocomposites. Adv Mater，1996（8）：928 – 932.

316. Wang，X. ，Valenzano，M. C. ，Mercado，J. M. et al. Zincsupplementation modifies tight junctions and alters barrier function of Caco-2 human intestinal epithelial layers. Digest Dis Sci，2013，58（1）：77 – 87.

317. Watt G D，Jacobs D，Frankel R B. Redox reactivity of bacterial and mammalian ferritin：is reductant entry into the ferritin interior a necessary step for iron release. P Natl Acad Sci USA，1988（85）：7 457 – 7 461.

318. Wessling-Resnick，M. Biochemistry of iron uptake. Crit Rev Biochem Mol Biol，1999（34）：285 – 314.

319. WHO/FAO. Guidelines on Food Fortification with Micro-nutrients. Geneva，2006.

320. Wicks，R. E. ，and Entsch，B. Functional Genes Found for Three Different Plant Ferritin Subunits in the Legume，Vigna unguiculata. Biochem Biophys Res Commun，1993（192）：813 – 819.

321. Williams，A. M. ，Enns，C. A. A mutated transferrin receptor lacking asparagine-linked glycosylation sites shows reduced functionality and an association with bind-

ing immunoglobulin protein. J Biol Chem, 1995 (266): 17 648 – 17 654.

322. Wong, K. K. W. , Mann, S. Biomimetic synthesis of cadmium sulfideferritin nanocomposites. Adv Mate, 2004 (8): 928 – 932.

323. Wood, R. J. , Han, O. Recently identified molecular aspects of intestinal iron absorption. J Nutr, 1998 (128): 1 841 – 1 844.

324. Yamashita, I. , Amashita, I. , Iwahori, K. , et al. Ferritin in the field of nanodevices. BBA, 2010 (1800): 846 – 857.

325. Yamashita, I. , Hayashi, J. , Hara M. Bio-template synthesis of uniform CdSe nanoparticles using cage-shaped protein, apoferritin. Chem Lett, 2004 (33): 1 158 – 1 159.

326. Yang, F. , Lum, J. B. , McGill, J. R. , et al. Human transferrin: cDNA characterization and chromosomal localization. Proc Natl Acad Sci USA, 1984 (81): 2 752 – 2 756.

327. Yang, H. , Fu, X. , Li, M. , et al. Protein association and dissociation regulated by extension peptide: a mode for iron control by phytoferritin in seeds. Plant Physiol, 2010 (154): 1 481 – 1 491.

328. Yang X, Arosio P, Chasteen N D. Molecular diffusion into ferritin: Pathways, temperature dependence, incubation time, and concentration effects. Biophysical Journal, 2000 (78): 2 049 – 2 059.

329. Yang, X. K. , Chen-Barrett, Y. , Arosio, P. , et al. Reaction paths of iron oxidation and hydrolysis in horse spleen and recombinant human ferritins. Biochemistry, 1998 (37): 9 743 – 9 750.

330. Yang Z, Wang X, Diao H, et al. Encapsulation of platinum anticancer drugs by apoferritin. Chem Commun, 2007 (33): 3 453 – 3 455.

331. Yehuda, S. , Youdim, M. B. Brain iron: a lesson from animal models. Am J Clin Nutr, 1989 (50): 618 – 629.

332. Yi, W. G. , Akoh, C. C. , Fischer, J. , et al. Absorption of Anthocyaninsfrom blueberry extracts by Caco-2 human intestinal cell monolayers. J Agric Food Chem, 2006 (54): 5 651 – 5 658.

333. Yi, Y. , Guerinot, M. L. Genetic evidence that induction of root Fe^{3+} chelate reductase activity is necessary for iron deficiency. Plant J, 1996 (10): 835 – 844.

334. Yona, C. , Philip, B. Iron nutrition of plants in calcareous soils. Adv Agron, 1982 (135): 217 – 240.

335. Yoshinari, K. , Miyagishi, M. , Taira, K. Effects on RNAi of the tight structure, sequence and position of the targeted region. Nucl Acids Res, 2004 (32): 691 – 699.

336. Youdim, M. B. Iron in the brain: implications for Parkinson's and Alzheimer's diseases. Mount Sinai J Med, 1988 (55): 97 – 101.

337. Younis, A. , Siddique, M. I. , Kim, C. K. , et al. RNA Intereference (RNAi) induced gene silencing: A Promising Approach of hi-Tech Plant Breeding. Int J Biol Sci, 2014 (10): 1 150 – 1 158.

338. Yun, S. J. , Yang S. P. , Huang L. Y. , et al. Isolation and characterization of a new phytoferritin from broad bean (*Vicia faba*) seed with higher stability compared to pea seed ferritin. Food Res Int, 2012 (48): 271 – 276.

339. Yun, S. J. , zhang T. , Li M. L. , et al. Proanthocyanidins Inhibit Iron Absorption from Soybean (*Glycine max*) Seed Ferritin in Rats with Iron Deficiency Anemia. Plant Food Hum Nutr, 2011 (66): 212 – 217.

340. Zahringer, J. , Baliga, B. S. , Munro, H. N. Novel mechanism for translational control in regulation of ferritin synthesis by iron. Proc Natl Acad Sci USA, 1976 (73): 857 – 861.

341. Zamocky, M. , Koller, F. Understanding the structure and function of catalases: clues from molecular evolution and in vitro mutagenesis. Prog Biophys Mol Bio, 1999 (72): 19 – 66.

342. Zerial, M. , Suomalainen, M. , Zanetti-Schneider, M. , et al. Phosphorylation of the human transferrin receptor by protein kinase C is not required for endocytosis and recycling in mouse 3T3 cells. EMBO J, 1987 (6): 2 661 – 2 667.

343. Zha, L. Y. , Xu, Z. R. , Wang, M. Q. , et al. Chromium nanoparticle exhibits higher absorption efficiency than chromi-um picolinate and chromium chloride in Caco-2 cell monolayers. J Anim Physiol An N, 2008 (92): 131 – 140.

344. Zhang, T. , Lü, C. Y. , Chen, L. L. , et al. Encapsulation of anthocyanin molecules within a ferritin nanocage increases their stability and cell uptake efficiency. Food Res Int, 2014 (62): 183 – 192.

345. Zhang, Y. , Jia, Y. , Zheng, R. , et al. Plasma microRNA-122 as a biomarker for viral-, alcohol-, and chemical-related hepatic diseases. Clin Chem, 2010 (56): 1 830 – 1 838.

346. Zhao, G. Phytoferritin and its implications for human health and nutrition. Biochimica et Biophysica Acta, 2010 (1800): 815 – 823.

347. Zhao, G. , Arosio, P. , Chasteen, N. D. Iron (II) and Hydrogen Peroxide Detoxification by H-chain ferritin. Biochemistry, 2006 (45): 3 429 – 3 436.

348. Zhao, G. , Bou-Abdallah, F. , Arosio, P. , et al. Multiple pathways formineral core formation in mammalian apoferritin. The role of hydrogen peroxide. Biochemistry, 2003 (42): 3 142 – 3 150.

349. Zhao, G. , Su, M. , and Chasteen, N. D. μ-1, 2 – peroxo diferric complex formation in horse spleen ferritin. A mixed H/L-subunit heteropolymer. J Mol Biol, 2005 (352): 467 – 477.

350. Zhelev, N. , Barudov, S. Laser light scattering applications in biotechnology. Biotechnol Biotech Eq, 2005: 193 – 198.

351. Zijp, I. M. , Korver, O. , Tijburg, L. B. M. Effect of tea and other dietary factors on iron absorption. Crit Rev Food Sci Nutr, 2000 (40): 371 – 398.

352. Zödl, B. , Zeiner, M. , Sargazi, M. , et al. Toxic and biochemical effects of zinc in Caco-2 cells. Journal of Inorganic Biochemistry, 2003, 97 (4): 324 – 330.

353. Zumdick, S. , Deters, A. , Hensel, A. In vitro intestinal transport of oligomeric procyanidins (DP 2 to 4) across monolayers of Caco-2 cells. Fitoterapia, 2012 (837): 1 210 – 1 217.